肥东县耕地质量建设与管理

张世昙　朱奎峰　马友华　郭粹锦　等　编著

中国农业出版社
北　京

图书在版编目（CIP）数据

肥东县耕地质量建设与管理 /张世昙等编著 .—北京：中国农业出版社，2020.7

ISBN 978-7-109-26859-3

Ⅰ.①肥… Ⅱ.①张… Ⅲ.①耕作土壤—土壤管理—研究—肥东县 Ⅳ.①S155.4

中国版本图书馆 CIP 数据核字（2020）第 083120 号

中国农业出版社出版

地址：北京市朝阳区麦子店街 18 号楼

邮编：100125

责任编辑：汪子涵　文字编辑：张田萌

版式设计：王　晨　责任校对：吴丽婷

印刷：北京大汉方圆数字文化传媒有限公司

版次：2020 年 7 月第 1 版

印次：2020 年 7 月北京第 1 次印刷

发行：新华书店北京发行所

开本：700mm×1000mm　1/16

印张：9.5　插页：4

字数：180 千字

定价：70.00 元

《肥东县耕地质量建设与管理》

编著人员名单

主　　编　张世昙

副 主 编　朱奎峰　马友华　郭粹锦

编著人员　（按姓氏拼音排序）

陈家祥　陈　明　崔　俊　丁恒毅　董建军
黄　会　郭粹锦　郭　龙　刘　霞　李　群
李小闯　马友华　钱国平　王邦标　汪宗阳
吴　驳　吴红星　武　升　谢世汉　岳德连
张楚楚　张　宁　张世昙　张　杨　张有新
赵　雪　钟　洁　钟以兵　朱奎峰　朱伟伟

前言

耕地是我国最为宝贵的资源，是农业可持续发展的重要物质基础，耕地质量的好坏直接影响农产品的品质与产量。耕地质量建设与管理既是一个新的概念，又是一个古老的话题，也是现阶段国家密切关注的农业实践活动。耕地质量是一个综合层次的概念，可分为以下几个部分：根据耕地自身属性，耕地质量与耕地的地力和土壤肥力密切相关；在土地利用层面，耕地质量受到环境、区位及人类活动等方面的影响；从耕地的经济质量角度，耕地质量需考虑耕地的产出能力和效率。

我国耕地整体质量偏低，退化与污染严重。保护耕地资源、提升耕地质量是关系到几十亿人吃饭的大事，是确保我国粮食安全的重要任务。肥东县地处江淮丘陵区，属于安徽省重要的农业主产区，农作物秸秆资源丰富。随着社会的发展，人工成本日益增长，土壤培肥逐渐被忽视，秸秆焚烧现象严重，耕地质量不容乐观。2006 年国家启动实施了土壤有机质提升补贴项目（后改为耕地保护与质量提升补贴项目），借此肥东县农业部门联合其他县（市）对当地的耕地质量情况进行了调查研究，通过转变以往主要依赖化肥的施肥模式，充分利用现代信息化手段，以有机肥替代化肥技术为核心，结合新型肥料应用技术、绿肥-秸秆还田技术、适期施肥技术和水肥一体化技术，集成江淮丘陵耕地质量提升关键技术，以期提升耕地质量，实现化肥负增长。

肥东县耕地质量建设与管理初始阶段（2006—2009 年）主要进行的是施肥与产量调查、耕地质量监测与地力评价，田间试验阶段（2009—2015 年）主要对氮肥总量控制、秸秆还田、有机肥替代化肥、新型肥料以及水肥一体化等技术进行了研究，示范推广阶段（2015—2019 年）主要借助“政用产学研”合作模式、肥料与施肥专家系统软件、养分精准管理数据库对各项技术进行推广。

为了厘清肥东县的耕地质量状况，及时掌握耕地土壤的主要性状演变趋势，科学评价耕地质量等级，有针对性地提出耕地土壤培肥与改良、治理修复的对策建议，同时为今后肥东县农业发展提供指导，我们对肥东县耕地质量提升的各项技术进行全面总结，编写了《肥东县耕地质量建设与管理》一书。本书包括3个部分，共9章。第一部分肥东县耕地质量调查、监测与评价包括3章，第一章肥东县耕地质量调查与监测方法由汪宗阳、吴红星、朱伟伟、崔俊编写，第二章肥东县耕地养分与地力特征由郭粹锦、钟洁、刘霞编写，第三章肥东县蔬菜地耕地质量评价由马友华、钱国平、张楚楚、丁恒毅编写。第二部分肥东县耕地质量提升关键技术研究包括4章，第四章有机肥替代化肥技术由岳德连、李小闯、钟以兵、谢世汉编写，第五章秸秆全量腐熟还田技术由马友华、武升、赵雪、张杨编写，第六章总量控制适期施肥技术由张有新、郭龙、吴驳、张宁编写，第七章水肥一体化技术由丁恒毅、陈家祥、黄会编写。第三部分肥东县高标准农田建设与耕地管理包括2章，第八章中低产田改良与高标准农田建设由丁恒毅、陈明、王邦标、钟以兵编写，第九章耕地质量提升技术推广与管理体系建设由董建军、赵雪、李群编写。全稿最后由张世昙、朱奎峰以及马友华进行统稿、补充和修正。

在本书编写过程中，承蒙安徽省土壤肥料总站和安徽农业大学资源与环境学院大力支持和帮助，得到了安徽帝元生物科技有限公司、安徽省农业科学院土壤肥料研究所各位专家领导的指导，同时肥东县自然资源和规划局、民政局、统计局、农业农村局、水务局、财政局等部门及各乡镇对此项工作也给予了支持和配合，在此一并致谢！

由于时间仓促，书中的错误与疏漏在所难免，欢迎业界同人和读者提出宝贵意见。

编　者

2020年6月

目 录

第一部分

肥东县耕地质量调查、监测与评价

第一章　肥东县耕地质量调查与监测方法

保障国家粮食安全的根本在耕地，“万物土中生，有土斯有粮”，耕地是最宝贵的农业资源和重要的生产要素。可以说，耕地质量好坏已经成为能否实现农业保供给、保收入、保生态目标的决定性因素。保护耕地，其中首要的任务就是摸清耕地质量家底，开展耕地质量调查监测与评价。20 世纪中后期，农业部先后组织开展了两次全国性的土壤普查，较为系统地掌握了我国土壤资源的特点，取得了大量数据资料及成果。只有搞好耕地质量调查监测与评价，耕地保护才有抓手，农业的基础才能牢固，国家粮食安全才有保障。

第一节　县域概况

一、地理位置与历史文化

（一）地理位置

肥东县隶属于安徽省合肥市，位于安徽省中部，与合肥市区紧紧相邻。地理坐标介于北纬 31°35′～32°16′，东经 117°19′～117°52′。交通便捷，区位优越。肥东县南临巢湖，北接定远县，东与全椒县、巢湖市接壤，西与长丰县、合肥市相连。肥东淮南铁路、合宁高速铁路、合福高速铁路等穿境而过。合宁高速铁路、商合杭高速铁路在肥东设肥东站，合福高速铁路在肥东设长临河站。合宁、合徐等 10 条高速公路贯穿全境，沪陕高速公路肥东段是华东最大的高速公路枢纽。长江水运经巢湖直达肥东县，合肥新桥机场距县城仅 43 km，通往合肥市区公交线路共计 14 条，具有承东启西和连接南北的良好区位条件。

（二）历史文化

肥东县历史文化悠久，有“吴楚要冲、包公故里”之誉，县域总面积 218 160 hm^2，人口 110 万，辖 18 个乡镇、3 个开发园区、340 个行政村。境内有中国五大淡水湖之一的巢湖，有以古庐阳八景之一的“四顶朝霞”美景闻名的四顶山，有被称为“北九华”的浮槎山。国家级重点文物保护单位渡江战役总前委旧址和合肥青龙厂新四军四支队东进抗日纪念馆是肥东的“红色名片”。安徽唯一侨乡——长临河镇至今仍保留有 200 多年历史的皖中特色古街。

二、自然条件

（一）气候条件

肥东县属北亚热带季风性气候，总的特点是“气候温和，四季分明，雨量适中，光照充足”。既适应多种农作物的生长，也利于土壤微生物的活动和物质循环。该地区雨量适中，但分配不均，一般春多阴雨，午雨集中，秋少冬干，全县年均降水量 960 mm，蒸发量 1 483 mm，蒸发量过大使地下水位有所降低。光照充足，无霜期较长，达 235 d，年平均气温在 15 ℃。总的来说，光、热、水资源比较协调，适宜小麦、油菜、蚕豆等喜凉作物及水稻、棉花、花生等喜温作物的生长。但灾害天气频繁，常影响农业生产。春季寒流入侵，时冷时暖，晴雨无常。午季降雨集中，常有洪涝，有些年份又因副热带高压控制，造成干旱。秋季降温快，雨量骤减，常有伏秋旱（夹秋干），但有时也阴雨连绵。冬季北方冷空气入侵频繁，气温低，雨量稀少。根据几十年来的气象资料表明，干旱是肥东县农业生产的大敌，还有台风、冰雹、干热风、寒露风及洪涝灾害等。

（二）地形地貌

肥东县按地形可以划分为东部低山丘陵区、北部丘陵岗地区、中部波状平原区和南部滨湖平原区。东部低山丘陵区为大别山东缘余脉，南部与巢湖相邻，沿县境东侧直走与巢湖市、全椒县等接峦环抱，总面积 352.3 km^2，占全县总面积的 16.1%，构成店埠镇、石塘镇、古城镇等乡镇东缘的裙带型山丘地势。北部丘陵岗地区东起滁州市，西至长丰县，北界池河，南到滁河（梁园镇），面积 1 022.8 km^2，占全县总面积的 46.9%。中部波状平原区位于滁河以南，合裕公路以北，东至低山丘陵，西与合肥市相连，面积 728 km^2，占全县总面积的 33.4%。南部滨湖平原区位于撮镇镇西南，巢湖北滨，六家畈公路以西，南淝河以东，面积 78.5 km^2，占全县总面积 3.6%，主要由撮镇镇、长临河镇两个镇的姚埠圩、马新圩、龙潭圩、秀才圩、三汊圩等 19 个圩组成。

（三）成土母质

肥东县地质地貌较为复杂，导致了土壤成土母质的多样化，不仅有各种基岩风化的残积、坡积物，还有湖相沉积物、河流冲积物及大面积的下蜀系黄土。下蜀系黄土又称下蜀系黏土，是肥东县多种土壤发育的母质，广泛分布于北部丘陵岗地和中部波状平原，全县 3 个区 18 个乡镇均有分布，面积 122 806 hm^2，占全县土壤总面积的 84.3%。河流冲积物主要分布于古城镇、店埠镇、石塘镇、长临河镇等乡镇，位于自然河流较狭窄、流水较急的地段，呈条带状分布，发育形成的土壤有沙泥田、油沙泥田、沙心沙泥田、沙底沙泥田及青沙泥田等，面积

5 721 hm^2，占全县土壤总面积的 4%。湖相沉积物位于撮镇镇、长临河镇两个镇的沿湖一带，即南淝河东侧，包括姚埠圩、马新圩、龙潭圩、秀才圩、三汊圩等 19 个圩子，面积 2 235 hm^2，占全县土壤总面积的 1.5%。基岩类残积坡积物主要集中分布东部低山丘陵一带，包括撮镇镇、店埠镇、石塘镇、古城镇、马湖乡等乡镇，面积 14 890 hm^2，占全县土壤总面积的 12.1%。

（四）水文地质

肥东县地处江淮丘陵地区中部，除东部低山丘陵地带以外，境内还受到两大岗垄的控制，把全县分成三大水系流域。一是长江和淮河的分水岭脊背地带，从西北向东北延伸，长 45 km，高程在 65～80 m。二是从中北部的丁岗起，截江淮分水岭向东南延伸到王铁的土山南，全程 24 km，高程在 50～70 m，是滁河和南淝河的分水岭。两大岗垄呈丁字形，由此产生池河、滁河、南淝河 3 条天然河系，形成三大流域。这 3 条河流均属季节性河流，非汛期往往断流。水资源相对较丰，水域面积 47 444.41 hm^2，占全县总面积 21.75%。巢湖对全县农业、运输业等具有重要意义，农业灌溉用水的 25%取自巢湖。

三、农业生产状况

（一）农业产业结构调整

农业产业结构是指农村这个特定经济区域内，各个经济部门及其所属各门类、各生产项目的比例关系、结合形式、地位作用和运动规律等。现阶段肥东县农业生产已由传统性农业逐步向“两高一优”（高产、高效、优质）农业转变，并逐步向生态农业和可持续农业迈进。

（二）农产品基地建设

围绕城郊型农业，肥东县进行优质农产品基地建设。采取了强力推进设施栽培，发展反季节瓜菜和无公害标准化生产，开展了农产品优质化工程结构调整等措施。露地蔬菜、食用菌生产及设施栽培规模扩大，“一乡一业、一村一品”的生产格局初步形成，涌现出撮镇镇李六村、响导乡马王村、牌坊回族满族乡牌坊民族社区等“一村一品”结构调整示范村。其中撮镇镇李六村被评为省“一村一品”特色示范村，元疃镇丰宝生态农业示范园成为全市最大的食用菌生产基地。

（三）土肥技术推广

肥东县推广绿肥种植，实施中低产田改造，建设高标准农田。结合高标准农田建设，利用现代信息化手段，推广平衡配套施肥、侧深施肥、深翻深松、有机肥替代化肥、总量控制适期施肥、秸秆全量腐熟还田以及水肥一体化等新技术，转变了以往主要依赖化肥的施肥模式。

四、农田基础设施

（一）农业机械

随着农业技术的现代化，肥东县的农业机械化水平在不断提高。2018 年，农业机械总动力 76.15 万 kW，比 2017 年增长 3.4%。农用拖拉机 3.87 万台，其中大、中型拖拉机 0.28 万台；联合收割机 0.25 万台，增长 25%。全县实现机耕作业面积 18.86 万 hm^2，机械播种面积 6.62 万 hm^2，占农作物播种面积的 42.1 %，增长 4.5%；机械收割面积 11.36 万 hm^2，增长 72.2 %。水稻、油菜、小麦等八大主要农作物耕种收综合机械化水平达到 79.6%，比 2017 年增长 3.1%。化肥施用量（折纯*）47 985 t，下降 5.1%。农村用电量 34 201 万 kW，增长 0.9%。此外，农业机械化水平进一步提高，农机装备结构进一步优化，小型单功能的农业机械呈萎缩减少态势，高性能、大功率的田间作业机械和配套农机具增长势头强劲。

（二）农田水利

肥东县建有中型水库 6 座，小型水库 248 座，2017 年总供水量 50 900 万 m^3，农业灌溉量 38 000 万 m^3，有效灌溉面积 122 354 hm^2，除涝面积 5 500 hm^2。开挖干渠、分干渠和支渠 3 000 多条，建成了大、中、小兼有和蓄、引、提兼备的农田水利灌溉网，形成了南提巢湖水、西引淠史杭水和东提长江水的三大灌区，并以滁河干渠为纽带，相互调节，互补余缺。但由于这些工程大多数建于 20 世纪 60、70 年代，受诸多因素影响，加上近 40 年的运行，工程老化，损坏严重，效率低，能耗高，抗御自然灾害的能力逐渐衰减，有效灌溉面积大幅减少，多数水利工程已无法满足农业生产和社会发展需求。据农业区划部门调查统计，肥东县耕地抗旱能力小于 50 d 的占耕地总面积 73.2%，其中有 43%的耕地常受干旱威胁。排涝能力五年一遇以下的占耕地总面积 23%。北部岗地区因水利工程不配套、渠道淤塞严重等，“望天收”面积大。南部圩区地势较低，防洪、排涝、除渍能力差。总体来说，农业基础设施条件较差，影响耕地生产潜力发挥。

（三）林业建设

林地能够保持水土、防风固沙、涵养水源、调节气候、减少污染，肥东县作为农业大县，农田防护林的建设受到极大重视。农田防护林是防护林体系的主要林种之一，是指将一定宽度、结构、走向、间距的林带栽植在农田田块四周，通过林带对气流、温度、水分、土壤等环境因子的影响，来改善农田小气候，减轻和防御各种农业自然灾害，创造有利于农作物生长发育的环境，以保证农业生产

* 折纯是指每个化肥的养分以 N、P_2O_5、K_2O 质量百分数计算相加后的数值。

稳产、高产，并能对人民生活提供多种效益的一种人工林。2017 年肥东县全年成片造林 1 573 hm^2，人工造林 506 hm^2，四旁植树 137 万株，育苗面积 12 845 hm^2，对肥东县耕地质量保护意义重大。

第二节　调查方法

一、耕地质量调查研究进展

（一）调查指标

耕地质量是由耕地地力、土壤健康状况和田间基础设施构成的满足农产品持续产出和质量安全的能力[1]。选取的指标主要能反映耕地本身质量属性的好坏。各区域耕地质量指标由基础性指标和区域补充性指标组成。基础性指标包括地形部位、有效土层厚度、有机质含量、耕层质地、土壤容重、质地构型、土壤养分状况、生物多样性、障碍因素、灌溉能力、排水能力、清洁程度、农田林网化率 13 个指标。区域补充性指标包括耕层厚度、田面坡度、盐渍化程度、地下水埋深、酸碱度、海拔高度 6 个指标。在长江中下游区土壤酸化现象比较普遍，因此这里仅补充了酸碱度指标。酸碱度是指土壤溶液的酸碱性强弱程度，以 pH 表示。在评价区内选择有代表性的地块，采样测定土壤 pH，取其测定结果的平均值即为该评价区的土壤 pH。

（二）耕地质量普查

耕地质量普查是对耕地质量的全面调查，也是一项重要的国情调查，和人口普查相类似，一般 5～10 年开展 1 次，调查内容包括耕地的分布、质量等级情况、主要养分状况、土壤剖面性状、主要障碍因素、耕地投入品（肥料、农药、农膜等）使用情况等，按照全国统一技术规范，自下而上逐级汇总普查成果。耕地质量普查是以摸清耕地质量状况为目的，按照统一的技术规范，对全国耕地自下而上逐级实施现状调查、采样测试、数据统计、资料汇总、图件编制和成果验收的全面调查。

（三）耕地质量专项调查

耕地质量专项调查包括耕地质量等级调查、特定区域耕地质量调查、耕地质量特定指标调查和新增耕地质量调查 4 个方面[2]。耕地质量等级调查是为评价耕地质量等级情况而实施的调查，从耕地地力（立地条件、自然属性）、土壤健康状况和田间基础设施等方面选取评价因子开展调查。特定区域耕地质量调查是指在一定区域内实施的耕地质量及其相关情况的调查，通常情况下是在粮食生产功能区和重要农产品生产保护区等区域内开展的专项调查[3]。耕地质量特定指标调查是指为了解耕地质量某些特定指标而实施的调查，如耕地土壤有机质专项调查、耕地重金属含量专项调查等[4]。新增耕地质量调查是指为了解新增耕地质量状况、农业生产基本条件和能力而实施的调查，主要包括开发、整理、复垦形成的新增耕地质量调查，调查内容包括农业生产符合性调查与耕地生产能力的调查。

二、耕地质量调查工作准备

（一）明确调查任务

明确调查的目的任务、调查范围、质量标准及成果要求，是耕地质量调查的基础工作。随着高产、优质、高效农业体系的建立，对耕地质量调查有更高、更深的要求。

（二）组织调查队伍

对县域行政区域内耕地质量进行调查，其精度要求高，工作上要求见效快、集中。调查队要有专业骨干，应在农业技术推广站的技术力量配合下进行，吸收有经验的农民参加。

（三）收集与分析资料

收集自然成土因素资料、农业生产资料、土壤资料，对自然成土因素的特点、农业生产的发展情况和土壤的发生、特性与分布规律以及前人工作的成果进行分析。

（四）准备调查物质

调查物质包括图件、调查表、调查工具、仪器以及野外生活用品。调查的一般工具包括罗盘、全球定位系统（GPS）、土钻、剖面尺、剖面刀、照相机、放大镜、标本盒、记录簿、样品袋和标签等，有些土壤的理化性质需要在野外进行测定，因此还要配备相应的物资设备，如10%稀盐酸、张力计、电导仪、切土环刀、铝盒等。

三、耕地质量调查工作安排

（一）施肥情况调查

1. 测土样点农户跟踪调查。每个乡镇填写乡镇施肥情况调查总表，调查每个乡镇农户的一般情况，同时每个乡镇根据测土样点，针对每种主要种植作物，选择30～50个农户，填写农户施肥情况统计表，调查农户的具体施肥情况。

2. 农户施肥情况抽样调查。选择300户以上的农户，对全县范围内的施肥情况进行抽样调查。在每个乡镇选择10～20个农户，开展农户施肥情况的问卷调查。调查重点是施肥相关情况、推荐施肥情况和实际施肥情况。

（二）田间基本情况调查

1. 调查内容。耕地质量调查是一项综合性很强的工作，除了检测土壤理化性状之外，还需要在田间取样的同时，进行田间基本情况调查。调查内容包括耕地的地形部位、土壤基本性状、种植历史、前茬作物种类、施肥水平以及栽培管理等。具体调查内容和要求按照相关的调查表格所要求的内容来进行，在开展调查前，进行调查员的培训，同时调查员一定要仔细阅读填表说明，领会每项内容的真实含义。

2. 调查方法。采样点的确定参照相关的技术规范要求。土壤基本性状由取样人员现场调查，利用GPS记录地块的地理坐标，同时判断土壤类型、土壤质地、土壤排水性、地形和土层厚度等，确定土壤障碍因素与土壤肥力水平，询问陪同取样调查的地块所属农户和村组人员地块的前茬作物种类、产量、施肥和灌水情况等。

（三）作物产量调查

1. 调查农户的选择。利用随机取点、对称等距的抽样方法，将总体各单位按一定次序排列，然后任意抽取总体的某个单位作为起点，按相等的距离或间隔抽取样本单位。肥东县参与调查的乡镇18个，按照抓阄的顺序将18个乡镇编为1～18号，假设抽中了序号为6的乡镇，再按对称等距的方法，分别间距2个序号，那么调查的目标乡镇的序号就是3、6、9、12、15和18。再按此方法选取目标村，最后对目标村的农户采取简单随机抽样的方法进行作物产量调查。

2. 调查农户数据的获取。当被调查农户确定后，接下来的工作是收集农户种植作物的产量信息和数据。数据收集的主要途径是填写问卷，采取调查员与被调查者面对面提问、被调查者回答的调查方式。这种方式可提高调查的速度和调查信息的准确度。

3. 调查农户数据的分析。根据数据分析目的，选取了一些与产量和施肥有关的指标，如作物产量、氮磷钾肥用量、氮磷钾比例、底肥和追肥比例、主要肥料品种、有机肥用量、有机肥无机肥比例、肥料成本等。一般需要计算平均数、农户样本分布等。平均数可以从总体上来看当地施肥量的高低水平和产量水平。农户样本分布反映了农户施肥和产量的差异程度。

第三节　监测方法

一、监测分区布点

（一）监测分区

为了更好地分析耕地质量状况，需要先对监测区域进行分区，再进行样点的布设。耕地等级野外监测分区是一项综合性很强的工作，要使分区做到科学、合理、有效、可行，必须遵循地域分异原则、区内相似性与区间差异性原则、保持行政区划的相对完整性原则以及区域共轭性原则。最终确定肥东县3个分区，分别为南部滨湖平原、中部波状平原和东北丘陵岗地。

（二）样点布设

样点的布设应遵循代表性原则、点面结合原则及等别控制原则。肥东县现布设有220个耕地质量调查监测点，具体分布区域见表1-1。

表1-1　肥东县耕地质量监测点分布

分区	分布乡镇	点数	分区总数
南部滨湖平原	撮镇镇	3	15
	长临河镇	4	
	桥头集镇	8	
中部波状平原	店埠镇	5	74
	众兴乡	4	
	牌坊回族满族乡	7	
	梁园镇	15	
	石塘镇	18	
	张集乡	10	
	包公镇	15	
东北丘陵岗地	白龙镇	20	131
	杨店乡	12	
	八斗镇	27	
	古城镇	24	
	马湖乡	13	
	响导乡	13	
	陈集镇	9	
	元疃镇	13	

二、监测内容安排

（一）监测点类型

根据监测内容与方法又可以将220个监测点分为175个基础调查点、30个肥料调查点、6个耕地质量固定监测点和10个土壤墒情监测点（古城土壤墒情监测点和耕地质量固定监测点共用）。监测点土壤样品于当年最后一季作物收获后，分别采集常规施肥区和无肥区混合样，填写标签，风干保存。另外，时段的不同，监测的内容也有所差异（表1-2）。

表 1-2　肥东县耕地质量监测点类型

类型	点数	监测方法
基础调查点	175 个	每年秋季作物播种前按 GPS 点采 0～20 cm 土样，化验 16 个项次
肥料调查点	30 个	每年午、秋季作物播种前按 GPS 点采 0～20 cm 土样，化验 16 个项次
耕地质量固定监测点	6 个	每年午、秋季作物播种前按 GPS 点采 0～20 cm 土样，化验 16 个项次
土壤墒情监测点	10 个	每年午、秋季作物播种前按 GPS 点采 0～20 cm 土样，化验 16 个项次

（二）各阶段监测内容安排

1. 建点时监测内容。一是立地条件和农业生产概况。主要包括监测点的常年降水量、有效积温、无霜期、地形部位、地块坡度、潜水埋深、排灌条件、种植制度、常年施肥量、作物产量、成土母质和土壤类型等。二是剖面理化性状。监测发生层次深度、颜色、结构、紧实度、容重、新生体、机械组成、化学性状（包括有机质、全氮、全磷、全钾、pH 等参数），并拍摄监测点剖面照片。

2. 年度监测内容。监测田间作业情况、作物产量、施肥量和土壤理化性状，并在每年最后一季作物收获后、下一季施肥前采集各处理区耕层（0～20 cm）土壤样品，检测土壤 pH、有机质、全氮、碱解氮、有效磷、速效钾等。

3. 五年监测内容。每个“五年计划”的第一年监测，在年度监测内容的基础上，增加检测土壤容重、土壤质地、耕层厚度及全磷、全钾、中微量元素（交换性钙、镁和有效硫、铁、锰、铜、锌、硼）等。

第二章　肥东县耕地养分与地力特征

土壤养分是由土壤提供的植物生长所必需的营养元素，是土壤中能直接或经转化后被植物根系吸收的矿质营养成分。耕地养分贫瘠，会使植物应养分不足而引起生理变化，致使形态上出现某些缺素症状，或生长受到抑制，产量受到显著影响。耕地养分过量，土壤养分供应过多，造成植物体内养分或代谢物的过量积累，并造成植物产量下降或农产品品质下降。养分过量一般是施肥不当造成的。耕地地力是指耕地的基础能力，也就是由耕地土壤的地形、地貌条件、成土母质特征、农田基础设施及培肥水平、土壤理化性状等综合构成的耕地生产能力。对区域耕地地力特征进行分析，可以加强对现有耕地质量、面积和分布的认识，对国家粮食安全和农业可持续发展有重要意义[5]。

第一节　肥东县耕地利用与管理

一、肥东县的土地资源与土壤类型

（一）土地资源特征

肥东县土地资源总的特点可谓“一多一少，三大三小”。“一多”即土地利用类型多，既有耕地、园地、林地、牧草地，也有水域、交通、未利用地等；“一少”即土地后备资源少；“三大”即农用地、水域居民点及工矿用地面积大；“三小”即园地、林地、牧草地面积小。因此，应合理规划，充分利用村内空闲地，建立中心村等措施挖掘土地利用潜力[6]。

（二）土壤类型

肥东县土壤共划分为5个土类：水稻土、黄棕壤、黄褐土、石灰岩土和紫色土（表2-1）。水稻土在肥东县面积最大，尤其是中南部地区分布广泛。黄棕壤是本地区的地带性土壤，广泛分布于东部低山丘陵及坡度较小的浅丘上。黄褐土也是本地区的地带性土壤，发育在特定的下蜀黄土母质上。石灰岩土面积很小，主要分布在肥东县东部低山丘陵南段的部分碳酸盐岩类的丘陵上。紫色土面积很小，是在紫色沙岩、沙页岩、紫色沙砾岩上发育形成的一类岩性土，分布在八斗镇、古城镇两镇的一些剥蚀阶地上。

表 2-1　肥东县土壤分类系统表

土类	亚类	土属	土种	占总面积（%）
石灰岩土	黑色石灰岩土	黑色石灰土	黑碎石土	0.06
紫色土	中性紫色土	紫沙土	紫色沙砾黄棕土	0.12
黄棕壤	黄棕壤	麻石黄棕土	麻石黄棕土	0.34
		黄棕壤性扁石土	薄层黄棕壤性扁石	0.13
		黄棕壤性麻石土	薄层黄棕壤性麻石	0.41
		耕种性黄棕壤性麻石土	黄棕壤性扁石土	2.33
黄褐土	黏盘黄褐土	黏盘黄褐土	上位黏盘黄褐土	1.01
		马肝土	下位黏盘黄马肝土	14.83
		黄白土	下位黏盘黄白土	21.72
			下位黏盘白土	2.12
水稻土	淹育型水稻土	淹育马肝田	浅黄马肝田	1.78
			浅灰马肝田	0.09
	潴育型水稻土	马肝田	瘦马肝田	26.97
			马肝田	7.37
			血马肝田	3.68
		黄白土田	黄白土田	10.62
	潜育型水稻土	青马肝田	高位潜育青马肝田	1.68
		青沙泥田	高位潜育青沙泥田	0.30
		青湖泥田	高位潜育青湖泥田	0.79
	测漂型水稻土	白马肝田	澄白土田	3.63

二、肥东县耕地利用与管理模式

（一）耕地利用与管理简要回顾

新中国成立后，随着人口的不断增加和社会经济的发展，大片的荒地被开垦为耕地，耕地耕作制度从一年三季的油（麦）—稻—稻发展到现在的稻—油和稻—麦为主[7]。平均复种指数 2.38。由于有机肥的大量施用，加之 1980 年土地二轮承包后，精耕细作和一家一户的家庭生产模式，使耕地土壤熟化，肥力增加，耕地利用率高，农作物产量不断提高。近年来，肥东县结合黄淮海平原农业研究与开发项目、江淮分水岭综合治理开发项目和世界银行贷款加强灌溉农业第三期项目，对农田进行了综合整理，格田成方，改善了农田的灌排、耕作条件，提高了耕地质量。同时，通过各种措施，如乡规民约、农田保护区管理规定、耕地地力监测等，建立了地力补偿制度，提倡和鼓励农民向土地投资，增施有机肥料、实行秸秆还田等措施，不断培肥土壤，提高地力。做到用地与养地相结合，防止“掠夺性”地经营耕地。

（二）耕地管理模式

为有效地保证耕地总量不变，肥东县早在20年前就划定了基本农田保护区，较好地制止了乱开发、乱建房的滥用耕地和土地非法交易现象，使土地开发利用工作得以健康发展。随着招商引资、城镇规划、农业开发等工作的加快发展，肥东县又从经济发展的宏观出发，对基本农田布局进行适当调整。各乡镇都达到了“田间有标志，墙上有图纸，柜中有档案，保护有措施”的“四有”标准。2008年，肥东县制定了《肥东县基本农田保护办法》，把基本农田保护纳入各级国民经济和社会发展计划，县、乡（镇）、村层层签订责任状，将其作为考核干部政绩的重要内容。为了处理好保护耕地与建设用地的关系，肥东县一方面强化政府职能，坚持实行由县政府依法报批，依法供地，严禁越权批地和先占后批，这种规章制度有力地斩断了无序用地的“黑手”；另一方面加大“四荒”的开发利用和老宅还耕等工作力度，保持全县耕地总量的动态平衡，基本形成了“规划—用地—还耕”的管理机制。

（三）耕地利用情况

经过农业产业结构调整，现阶段肥东县耕地利用以粮食作物和瓜果蔬菜为主，两者分别占农业总产值的32%和34%。2017年农作物总播种面积为197 106 hm^2，其中粮食作物播种面积119 253 hm^2，油料作物播种面积41 957 hm^2，瓜果蔬菜播种面积29 193 hm^2，棉花播种面积5 649 hm^2，糖料作物播种面积334 hm^2，其他作物播种面积720 hm^2。全县耕地面积126 090 hm^2，其中水田是84 568 hm^2，旱田是41 522 hm^2。

（四）存在的问题

1. 耕地资源利用率与产出率低。由于农产品价格低，农用物资价格又不断上涨，农业效益较低，农民种田积极性不高，弃农经商、打工误农、粗放经营现象非常普遍。土地承包后的农民怕时间长了政策改变，从而只顾眼前利益，不做长远打算，对土地的利用重用轻养或不养，缺乏保护，为增加农作物产量，大量施用化肥，导致土壤板结，理化性状恶化，造成耕地质量下降、土地利用低效。

2. 耕作环境质量面临严重威胁。近几年，肥东县大规模的招商引资，工业产生的废水废气对部分农田造成严重的污染。人口增长所产生的生活污水急剧增加，城乡污水收集与处理设施建设相对滞后，大部分的生活污水未经处理就直接排放，造成境内流域的水质恶化和地下水污染。畜牧业粪便未经无害化处理就排放到农田或河流，严重污染了种植业生产的生态环境。农民滥施和过量施用化肥农药的现象普遍存在，造成农业生产和生态环境的面源污染。

3. 农业劳动力现代化意识不强。随着农村富余劳动力转移就业，留在村里的大多是老人、小孩及妇女，劳动强度弱，与农业产业化、现代化的发展要求不相适应，农作物生产布局不够合理，农业产业化水平较低，阻碍着农业生产的发展和农民生产经营效益的提高。

第二节 肥东县耕地土壤属性

一、耕地土壤主要属性描述性统计分析

（一）数据来源与处理

数据来源于肥东县农业技术综合服务中心 2012 年测土配方施肥土壤采样点化验数据及 GPS 定位数据。取样深度为 0～20 cm，一共有 2 000 多个点，主要土壤属性包括全氮（NY/T 1121.24—2012）、有机质（NY/T 1121.6—2006）、有效磷（NY/T 1121.7—2014）、速效钾（NY/T 889—2004）、有效硼（NY/T 1121.8—2006）和 pH（NY/T 1121.2—2006）。数据处理首先用 Excel 将异常值删除，异常值删除采用平均值加减 3 倍标准差法，删除异常值后采用点为 2 000 个左右。最后用 ArcGIS 9.3 统计分析模块对处理好的数据进行正态分布检验和半方差分析。

（二）主要土壤属性描述统计分析特征

表 2－2 为肥东县土壤养分采样点的描述统计分析，根据第二次土壤调查时的养分分级标准，可以看出有机质含量（2.40～38.60 g/kg）集中分布于中等和缺乏水平，全氮含量（0.66～1.70 g/kg）主要集中分布于中等水平；有效磷含量（0.2～68.5 mg/kg）跨度较大，各等级水平都有，由其平均值（13.9 mg/kg）可知其集中分布于中等水平；速效钾含量（14～313 mg/kg）跨度较大，各等级水平都有，由其平均值（106 mg/kg）可知其集中分布于中等水平；有效硼含量（0.10～1.15 mg/kg）集中分布于缺乏水平；pH（5.00～6.88）呈弱酸性。变异系数（CV）表示土壤特性空间变异性的大小，$CV<0.1$ 时为弱变异性，$0.1<CV<1$ 时为中等变异性，$CV>1$ 时为强变异性。从表 2－2 可以看出 pH 为弱变异性，其他土壤属性为中等变异性。变异系数大小依次为有效磷＞有效硼＞速效钾＞有机质＞全氮，有效磷变异性最大，这与当地农民施用磷肥量的差异、土壤中磷元素固定难移动性和成土母质都有关。速效钾的标准差较大，说明其在研究区范围内含量差异很大。在进行统计学分析之前，必须对数据进行正态分布检验，因为用非正态分布的数据会使变异函数产生较大的波动，增大估计误差。如数据服从正态分布，则偏度值接近 0、峰度值接近 3、中值接近平均值，因此

从表 2－2 中可以看出全氮、有机质、有效硼和 pH 都近似服从正态分布。

表 2－2　主要土壤属性描述性统计分析

指标	最大值	最小值	平均值	标准差	中值	样本数据		变异系数
						偏度	峰度	
有机质（g/kg）	38.60	2.40	20.02	4.12	19.88	0.10	2.60	0.20
全氮（g/kg）	1.70	0.66	1.16	0.21	1.15	0.14	2.64	0.18
有效磷（mg/kg）	68.5	0.2	13.9	7.7	11.8	1.09	3.84	0.55
速效钾（mg/kg）	313	14	106	33	103	0.48	2.80	0.32
有效硼（mg/kg）	1.15	0.10	0.45	0.18	0.45	0.05	2.94	0.40
pH	6.88	5.00	5.89	0.43	5.90	0.07	2.32	0.07

二、耕地土壤其他属性分析

（一）土壤有效锌

植物生长发育需要大量营养元素，也需要中微量元素。有些微量元素是植物体的构成元素，参与重要的生理生化反应，在作物的不同生育期发挥着重要作用，从而影响着作物的产量和品质。锌属于微量元素，是作物生长发育所必需的微量元素之一。锌主要构成酶，能参与叶绿素合成，促进光合作用，促进生长素合成，有保护根表或根内细胞膜的作用，可提高作物的抗旱能力。土壤中缺锌时，作物叶片褪绿、黄白化，叶片失绿，脉间变黄出现黄斑花叶，叶形显著变小，常发生在小叶，称为“小叶病”。根据 2010—2012 年耕地质量调查，肥东县耕层土壤有效锌含量平均为 1.25 mg/kg，在 0.05～5.97 mg/kg，标准差 0.76 mg/kg，变异系数为 0.61。

（二）土壤质地

土壤质地是土壤物理性质之一，指土壤中不同大小直径的矿物颗粒的组合状况。土壤质地与土壤通气、保肥、保水状况及耕作的难易有密切关系；土壤质地状况是拟定土壤利用、管理和改良措施的重要依据。肥沃的土壤不仅要求耕层的质地良好，还要求有良好的质地剖面。虽然土壤质地主要决定于成土母质类型，有相对的稳定性，但耕作层的质地仍可通过耕作、施肥等活动进行调节。根据 2018 年耕地质量调查结果表明，肥东县耕地耕层土壤质地以轻壤土和中壤土为主，分别占全县耕地土壤的 21％和 69％。

（三）土壤容重

土壤容重是土壤重要的物理性质，土壤容重与土壤质地、压实状况、土壤颗粒密度、土壤有机质含量及各种土壤管理措施有关。土壤越疏松多孔，容重越小，土壤越紧实，容重越大。第二次土壤普查资料表明，耕层土壤容重为1.10～1.25 g/cm^3，作物生长较为适宜，过高或过低都不宜于作物生长，一般情况下耕层土壤容重小到近于0或大于2.25 g/cm^3 较为罕见。根据2019年耕地质量调查结果表明，耕地表层（0～20 cm）土壤容重为1.14 g/cm^3，底层（20～40 cm）土壤容重为1.52 g/cm^3，与第二次土壤普查（表层1.42 g/cm^3，底层1.58 g/cm^3）相比有所降低。

三、耕地土壤养分时空变化特征

（一）耕地土壤养分空间分布特征

肥东县大部分耕地全氮处于中等水平，占耕地总面积的48.79%；丰水平集中在以店埠镇为中心的中部波状平原和南部滨湖平原，零星地分布在北部，占耕地面积的36.10%。速效钾含量总体较低，缺乏和极缺水平占到耕地总面积的62.31%，只有北部丘陵岗地零星分布着较丰等级水平，所占比例较小。有效磷含量分布较丰到中等水平，占总面积的78.86%。有机质无丰水平分布，较丰水平集中分布在以店埠镇为中心的中部波状平原和南部滨湖平原，北部丘陵岗地大部分处于缺乏水平，较丰、中等和缺乏所占比例几乎相等。微量元素有效硼含量较为丰富，主要受土壤母质决定。大量元素氮、磷、钾和有机质分布差异各不相同，主要受人为耕作影响较多，土壤母质和土地利用现状的变化对其有一定影响。酸碱性分布主要受土壤母质影响，另外工业发展产生的酸雨沉降对其也有一定的影响。

（二）耕地土壤养分时间变化特征

空间变异分析能直观地展示土壤中各元素的分布与变化情况，时间变异分析则能揭示土壤中各元素在外部和自身影响下在这个时间段的变化过程，能更合理有效地指导耕地施肥，为耕地的可持续利用提供理论依据[8]。2012年土壤速效钾平均含量与2008年相比一致（均为106 mg/kg），较丰水平略有上升，缺乏水平含量有所下降。这主要与农民的施肥结构调整有关，使土壤速效钾含量保持较稳定水平。有效磷含量2012年与2008年（土壤有效磷平均含量为15.7 mg/kg）相比略有下降，主要是中等水平含量与之前相比面积减少幅度较大，而较丰水平有所增加，与这几年的测土配方施肥项目的兴起、施肥结构的调整有关。有机质含量2012年与2008年（土壤有机质含量为17.20 g/kg）相比有明显增加，特别是较丰和中等水平增幅较大，这主要和秸秆还田和有机肥用量的增加等工作密切相关。

第三节　肥东县耕地地力特征

一、耕地地力数量与分布特征

（一）耕地地力等级面积统计

利用县域耕地资源管理信息系统软件，对耕地地力评价结果的外部属性数据库进行操作，检索统计耕地各等级的面积及图幅总面积。以 2012 年肥东县耕地总面积为基准，按面积比例进行平差。肥东县常用耕地总面积为 79 887.09 hm^2。其中一级地 14 472.02 hm^2，占耕地总面积的 18.12%，二级地 22 130.89 hm^2，占耕地总面积的 27.70%，三级地 20 766.11 hm^2，占耕地总面积的 25.99%，四级地 18 244.06 hm^2，占耕地总面积的 22.84%，五级地面积为 4 274.03 hm^2，占耕地总面积的 5.35%，各等级耕地地力评价结果面积统计见表 2-3。

表 2-3　肥东县耕地地力评价结果面积统计

等级	一级地	二级地	三级地	四级地	五级地	总计
面积（hm^2）	14 472.02	22 130.89	20 766.11	18 244.06	4 274.03	79 887.09
面积百分比	18.12%	27.70%	25.99%	22.84%	5.35%	100.00%

（二）耕地地力等级地域分布

根据肥东县地力等级及所在区域信息可知，一级地集中分布在中部波状平原和南部滨湖平原，该地区水资源丰富，生产水平高，土地利用类型主要是灌溉水田和蔬菜地。二级地主要分布在中部波状平原区，多成岗、塝、冲相间状态，具有波状起伏的特点，水源条件优越，水稻种植面积大，生产水平较高。三级地主要分布在北部丘陵岗地，该地区跨越江淮分水岭，海拔高程多在 50～80 m，岗冲交错，水旱相间，也是县内干旱集中地区。四级地在全县均有零星分布，主要分布在冲田，离村庄较远。五级地分布在东部低山丘陵地区，该地区地貌类型复杂，地势高低悬殊，水土流失严重，土层浅薄。

（三）耕地地力等级的行政区域分布

耕地地力除受土壤本身自然条件的影响外，人为耕作因素也比较大，因而各行政区域耕地地力等级分布都有其自身特点。在县域耕地资源管理信息系统中确定评价单元时叠加了肥东县行政区划图，因而评价单元的行政隶属关系非常明确，可从耕地地力等级评价结果表中统计各级耕地在各乡镇的分布状况，如表 2-4所示。

表 2-4　肥东县耕地地力等级的行政区域分布

乡镇名	一级地		二级地		三级地		四级地		五级地	
	面积	比例	面积	比例	面积	比例	面积	比例	面积	比例
八斗镇	418.62	2.89	4 050.25	18.30	2 166.33	10.43	436.75	2.39		
白龙镇	17.76	0.12	2 628.76	11.88	3 887.21	18.72	623.11	3.42		
包公镇	317.24	2.19	572.03	2.58	1 122	5.40	1 874.17	10.27	1 116.39	26.12
长临河镇	1 314.75	9.08	33.21	0.15	695.45	3.35	1 477.31	8.10	134.58	3.15
陈集乡	483.04	3.34	214.26	0.97	908.58	4.38	1 568.1	8.60		
撮镇镇	2 200.05	15.20	489.28	2.21	65.23	0.31	1 225.67	6.72	32.74	0.77
店埠镇	2 275.23	15.72	1 736.76	7.85	314.09	1.51	1 215.58	6.66	630.89	14.76
古城镇	327.69	2.26	598.89	2.71	2 118.71	10.20	4 090.07	22.42	131.29	3.07
梁园镇	2 104.02	14.54	2 337.74	10.56	1 066.58	5.14	882.78	4.84		
马湖乡	102.22	0.71	466.91	2.11	1 662.24	8.00	979.81	5.37		
牌坊回族满族乡	333.84	2.31	576.4	2.60	1 019.98	4.91	978.84	5.37	82.8	1.94
桥头集镇	1 015.98	7.02	604.72	2.73	164.68	0.79	525.88	2.88	1 555.24	36.39
石塘镇	312.16	2.16	1 213.08	5.48	774.98	3.73	1 694.32	9.29	399.2	9.34
响导乡	1 474.95	10.19	1 471.86	6.65	578.04	2.78	63.01	0.35		
杨店乡	200.95	1.39	1 989.22	8.99	987.7	4.76	23.35	0.13	7.84	0.18
元疃镇	48.91	0.34	1 268.22	5.73	2 033.03	9.79	292.35	1.60		
张集乡	530.86	3.67	1 003.8	4.54	692.16	3.33	162.2	0.89		
众兴乡	993.75	6.87	875.51	3.96	509.13	2.45	130.76	0.72	183.05	4.28
合计	14 472.02	100	22 130.89	100	20 766.11	100	18 244.06	100	4 274.03	100

注：表中面积单位为 hm^2，比例单位为%。

二、耕地地力等级特征

（一）一级地

一级地耕地面积 14 472.02 hm^2 集中分布于肥东县中部波状平原和南部滨湖平原。店埠镇分布面积最大，占一级地的 15.72%；其次是撮镇镇占 15.20%，梁园镇占 14.54%等。另外桥头集镇、白龙镇及其他乡镇也有分布。一级地土地利用类型主要是灌溉水田，占一级地面积的 70%以上，其次是旱地约占 27%。土壤类型主要由血马肝田、马肝田、黄白土田等土种的评价单元构成，剖面构型总体上较好。水田属于潴育型水稻土，有发育很好的剖面构型 $A-A_p-W-B-C$；

旱地主要是黄棕壤，剖面发育良好，黏盘层较低，对作物生长影响不大。耕层质地类型主要是中壤，占 50%以上，土壤呈弱酸性，土壤养分含量水平总体处于中等水平，平均值高于其他等级的土壤养分含量（表 2-5）。

表 2-5　一级地主要土壤养分含量及水平

项目	有机质（g/kg）	有效磷（mg/kg）	速效钾（mg/kg）	有效锌（mg/kg）	有效硼（mg/kg）
范围	6.7～34.4	4.4～45.4	25～280.8	0.33～5.6	0.19～1.14
平均值	20.8	15.8	110.2	1.4	0.6
含量水平	中	中	中	中	中

（二）二级地

二级地耕地面积 22 130.89 hm²，分布于肥东县中部波状平原，多呈岗、塝、冲相间状态。主要分布在梁园镇、白龙镇和八斗镇，分别占 10.56%、11.88%和 18.30%，其他乡镇均在 10%以下。二级地土地利用类型主要是灌溉水田，占二级地面积的 85%，其次是旱地占 15%。土壤类型主要由下位黏盘黄白土、黄白土田等土种的评价单元构成，剖面构型总体上较好，同一级地一样。旱地剖面构型为 A-P-B-B，发育良好，黏盘层较低，对作物生长影响不大；水田均属于潴育水稻土，剖面中有发育很好的潴育层，剖面构型 $A-A_p-W-B-C$。耕层质地类型主要是中壤，占 82%，土壤呈弱酸性，土壤养分含量水平总体处于中等水平。除有机质和有效硼处于较缺水平外，其他养分含量均在中等水平（表 2-6）。

表 2-6　二级地主要土壤养分含量及水平

项目	有机质（g/kg）	有效磷（mg/kg）	速效钾（mg/kg）	有效锌（mg/kg）	有效硼（mg/kg）
范围	7.20～34.40	1.9～68.5	33～289	0.39～5.20	0.11～1.10
平均值	18.20	17.2	113	1.20	0.50
含量水平	较缺	中	中	中	较缺

（三）三级地

三级地耕地面积 20 766.11 hm²，主要分布于肥东县北部丘陵岗地。其中，在白龙镇分布面积最大，约占三级地面积的 18.72%；其次是八斗镇与古城镇，占 10.43%与 10.20%，其他乡镇均在 10%以下。三级地土地利用类型主要是灌溉水田，约占三级地面积的 80%，旱地占 20%。土壤类型主要由瘦马肝田、下位黏盘黄白土和下位黏盘黄马肝等评价单元构成，剖面构型良好。水田基本含有潴育层，为 $A-A_p-W-B-C$ 构型；旱地有黏盘层，相比一二级的黏盘层位置较高，对作物根系的下扎生长有一定影响。耕层质地偏黏，中壤占 36%，重壤与重黏共占到 60%以上，土壤呈弱酸性，土壤养分含量水平总体处于中等水平。除有机质和有效硼处于较缺水平外，其他养分含量均在中等水平（表 2-7）。

表 2-7　三级地主要土壤养分含量及水平

项目	有机质（g/kg）	有效磷（mg/kg）	速效钾（mg/kg）	有效锌（mg/kg）	有效硼（mg/kg）
范围	5.90～38.60	1～66.1	14～278	0.20～5.20	0.10～1.02
平均值	16.60	16.6	106	1.30	0.50
含量水平	较缺	中	中	中	较缺

(四) 四级地

四级地耕地面积 18 244.06 hm^2，在肥东县各个乡镇均有零星分布，主要分布在古城镇和包公镇。其中，分布面积最大的是古城镇，占四级地总面积的 22.42%；包公镇占四级地总面积的 10.27%；其他乡镇均在 10%以下，共占 85.3%。四级地土地利用类型主要是灌溉水田，占四级地面积的 80%，旱地占 20%。土壤类型主要是瘦马肝田，其次是下位黏盘黄马肝土和澄白土田。水田剖面构型中以 $A-A_p-W-B-C$ 构型居多，面积约四级地总面积的 40%；但其他含有漂白层，构型为 $A_e-A_{pe}-W-C$，占总面积的 12%；或含有潜育层，构型为 $A-A_{pg}-G-C$ 或 $A-A_{pg}-G-B$，占总面积的 7%。旱地含有较高位置的黏盘层或含有漂白层。耕层质地偏黏，其中重黏占到近一半，重壤占到 30%以上，土壤呈弱酸性，土壤养分含量水平总体处于中等水平。除有机质和有效硼处于较缺水平外，其他养分含量均在中等水平（表 2-8）。

表 2-8　四级地主要土壤养分含量及水平

项目	有机质（g/kg）	有效磷（mg/kg）	速效钾（mg/kg）	有效锌（mg/kg）	有效硼（mg/kg）
范围	2.4～36.36	0.2～47.9	18～313	0.10～5.60	0.11～1.15
平均值	16.10	14.3	102	1.20	0.50
含量水平	较缺	中	中	中	较缺

(五) 五级地

五级地耕地面积 4 274.03 hm^2，占总面积的 5.35%，主要分布在肥东县的桥头集镇、包公镇、店埠镇。其中，在桥头集镇分布的面积最大，占五级地面积的 36.39%；其次是包公镇占 26.12%，店埠镇占 14.76%；长临河镇、撮镇镇、古城镇、牌坊回族满族乡、杨店乡、众兴乡、石塘镇也有分布，所占面积较小。五级地土地利用类型主要是灌溉水田，占五级地面积的 57%，旱地占 43%。土壤类型主要是黄棕壤性扁石土和上位黏盘黄棕壤，其他土种还有石灰土与紫色土等。五级地旱地土壤由于分布在低山丘陵，土体构型基本为 A－P－C，还有 15％的土体构型为 A－C；水田剖面构型含有漂白层，构型为 A_e－A_{pe}－W－C，或含有潜育层，构型为 A－A_{pg}－G－B。耕层质地主要是中壤，占 56％；耕层由于受侵蚀或地面水的漂洗，耕层较薄。土壤呈弱酸性，土壤养分含量与一至四级地相比，总体上稍低，但由于该级旱地土壤有机质积累较多，有机质平均含量高于二级地，其他养分含量均在中等水平（表 2－9）。

表 2－9 五级地主要土壤养分含量及水平

项目	有机质（g/kg）	有效磷（mg/kg）	速效钾（mg/kg）	有效锌（mg/kg）	有效硼（mg/kg）
范围	7.90～30.46	0.3～67.0	18～293	0.37～4.70	0.17～0.89
平均值	18.80	13.3	102	1.30	0.60
含量水平	较缺	中	中	中	中

第三章 肥东县蔬菜地耕地质量评价

长期以来，肥东县农业经济结构存在着“三大三小”的不合理现象，即在种植业内部，粮食产值比重大，经济作物产值比重小；在农林牧渔业内部，种植业产值比重大，林牧渔业产值比重小；在农业经济结构中，农业产值比重大，非农业产值比重小。改变这种不合理的种植结构，既是农业发展的客观要求，也是农村市场经济的必然选择。为此，县政府制定了“八五”期间全县农业结构调整的实施意见，将农业结构调整为 3 个层次：发展优质米，提高名、特、优产品比重；加快发展蔬菜作物，提高经济作物比重；加快发展养殖业、林果业，调整农业内部结构。2002 年以后，肥东县农业生产由传统性农业逐步向“两高一优”（高产、高效、优质）农业转变，并逐步向生态农业和可持续农业迈进。

第一节 蔬菜地耕地质量评价背景

一、肥东县蔬菜产业的发展

（一）发展背景

蔬菜地是耕地不可分割的一部分，蔬菜生产具有服务城市、满足市场需求和富裕农民等多种功能。随着市场经济的不断发展，蔬菜产业逐渐成为农业生产中的支柱产业，越来越多的人了解了无公害蔬菜、绿色蔬菜与有机蔬菜的区别，蔬菜质量也普遍受到人们重视。20 世纪 80 年代我国实施“菜篮子工程”项目，蔬菜产业得到快速稳健的发展。“九五”期间，科学技术部将工厂化高效农业示范工程列为国家重大科技产业工程，主要内容就是以蔬菜设施栽培及相关产业的研究与开发。2006 年，合肥市出台《合肥市 2006 年度无公害蔬菜生产基地设施栽培小区建设以奖代补办法》，发展蔬菜生产成为农业结构调整的重要突破口。

（二）种植历史

20 世纪 90 年代后期，肥东县围绕城郊型农业，开始进行优质蔬菜产品基地建设，强力推进设施栽培，发展反季节瓜菜和无公害标准化生产，开展了农产品优质化工程结构调整。2000 年，全县新建大棚 5 640 个，发展小拱棚西瓜种植 60 多 hm^2，并涌现出包公镇小杨村、草庙乡新丰村、八斗镇小普村、撮镇镇振兴村等以设施栽培为核心的种植业结构调整的示范村 20 多个，建立了无公害标准化生产基地 6 000 多 hm^2。到 2002 年，全县已建立无公害蔬菜标准化生产基地 930 hm^2，其中，长乐乡的香葱基地 270 hm^2，撮镇镇大丁村的莲藕基地 270 hm^2、大棚草莓 60 hm^2，八斗镇的无籽西瓜基地 330 hm^2。此外，店埠镇和元疃镇的大棚食用菌等特色农产品均已达到一定的规模。同年，肥东县被安徽省人民政府授予“优质农产品生产示范县”和“无公害蔬菜生产基地示范县”。撮镇镇的香葱、张集乡和杨店乡的辣椒获得安徽省无公害农产品认证。2018 年，全年农作物总播种面积为 15.74 万 hm^2。其中蔬菜 2.06 万 hm^2，增长 4.0%；蔬菜产量 52.82 万吨，增长 5.9%。

（三）发展现状

2015 年，肥东县积极利用促进现代农业发展政策，以项目为抓手，以美好乡村产业发展和现代农业示范区建设为平台，抓住农业结构调整的有利时机，重点瞄准店白路沿线、店忠路沿线、合蚌路沿线“三路三带”蔬菜产业发展布局，突出发展蔬菜生产，着力推进全省蔬菜大县建设。在元疃镇、白龙镇、牌坊回族满族乡、店埠镇、撮镇镇等地的部分村“三路”沿线新建钢架大棚 170 hm^2。在店埠镇、撮镇镇、牌坊回族满族乡等乡镇发展露地蔬菜，在撮镇镇、长临河镇等适宜发展水生蔬菜的乡镇积极改造洼地、荒滩，为肥东县蔬菜产业的发展创造了良好的条件。2017 年，蔬菜播种面积为 24 612 hm^2，占农作物总播种面积的 12.5%，仅次于粮食作物和油料作物，而蔬菜产业产值为 185 644 万元，占农业产值的 33.9%，大于粮食作物和油料作物的产值。

二、蔬菜地利用与管理

（一）设施园艺建设

肥东县距离省城合肥市仅 11 km，交通便利，区位优势明显，发展园艺设施、城郊型农业大有作为。设施园艺涉及建筑、材料、机械、自动控制、栽培、管理等多种学科的技术，科技含量较高。近些年来，肥东县设施园艺发展十分迅速，已成为农业产业结构调整的重要方式，主要是使用普通日光温室和塑料大棚生产蔬菜、水果与花卉。肥东县设施园艺技术相对滞后，与国内设施园艺发展快的省份及发达国家相比，还有较大的差距。主要表现在：所用建材比较落后，现代高科技建材应用少；设施栽培的对象以蔬菜、水果、花卉为主，专用品种少，栽培品种多为露地品种，产量和品质达不到要求，同时还涉及病虫害防治和轮作倒茬等问题；栽培管理多以传统经验为主，未使用配套技术，不符合农业现代化要求，尤其表现在作物的产量水平，尽管也有高产典型，但很不普遍，大面积单产与发达国家相距甚远；菜农的无公害意识淡薄，滥用化肥、农药，造成不同程度的污染，生产出来的园艺产品质量不能达到绿色食品标准，产品没有竞争力；

肥东县设施园艺的生产经营方式以个体农户为主，劳动生产率较低，规模化产业化的水平低，小农经济的生产和经营与日益发展的市场经济矛盾越来越突出，更难以走出国门与国际市场接轨。

（二）蔬菜园管理

蔬菜特有的性质决定了耕地要有较好的土壤条件，蔬菜地质量状况的好坏直接影响着蔬菜生长、生产、安全和效益等方面。蔬菜地质量是指立地条件、耕层理化性状、养分状况、健康状况等综合构成的蔬菜地生产能力[9]。近年来，蔬菜种植者管理缺乏科学性，蔬菜地生产能力下降，加上经济利益的驱动下盲目施肥等[10]，蔬菜地土壤养分不平衡、土壤酸化等一系列问题频频出现[11]。如何对蔬菜地进行科学有效地管理，成为摆在农业工作者面前亟待解决的问题。

肥东县虽是农业大县，但人均耕地少，群众仍存在“重工轻农，重粮轻菜”的思想。蔬菜业产值所占份额逐年提高，但总体发展速度不快。由于蔬菜产品市场竞争激烈，生产者信息不畅，加之储运周期短，对“如何种，种什么，怎么销”的问题缺乏研究。蔬菜交易往往散落在田间地头，市场机制和订单生产未真正建立起来，储藏、加工等延伸产业还没有形成。特色蔬菜和精细蔬菜品种还未开发和生产，主导品种集中上市与市场需求多样性脱节，导致产品上市价格低、交易难，直接影响经济效益提高，甚至出现蔬菜烂市的现象。种植大户发展规模化生产的主要问题是资金不足，再加之种植蔬菜生产贷款难，制约了蔬菜的生产。

（三）生态农业“项链”

为适应都市型现代农业发展趋势，调结构、促转型、高效益、快发展，肥东县蔬菜生产以水生和旱生并进、设施与露地并举的发展思路，在县域沿巢湖的撮镇镇、长临河镇掀起环巢湖蔬菜产业项目建设高潮。建设规模化设施栽培基地100多hm^2，规划落实水生蔬菜基地200 hm^2，新建温控育苗中心5 000 m^2，并配套了水、电、路、沟渠等设施，着力打造环巢湖生态农业“项链”。

一是加强宣传引导，强化政策扶持。结合春季农业科技下乡服务活动，深入安徽瑞农现代农业科技有限公司、田丰蔬菜专业合作社等项目建设单位，大力宣传环巢湖生态农业建设项目，以及相应的扶持政策，使之家喻户晓，人人皆知。二是制定发展规划，拟订项目方案。由县农委牵头，会同撮镇镇、长临河镇共同组织相关项目实施单位，对项目区进行合理规划，落实重点项目，明确项目负责人，并逐项制订项目实施方案和实施计划，确保项目有序实施。三是开展技术培训，抓好示范带动。组织县蔬菜办公室等部门的技术人员深入项目基地，举办以设施栽培、莲藕、露地香葱等为主的无公害标准化生产技术培训班，发放技术明白纸，引导推广新品种、新技术、新设施，并采取技术人员建基地包村组联农户的形式，到瑶岗村、罗店村等环巢湖生态农业重点项目建设一线，驻点指导，抓好示范、掀起各重点项目建设高潮。

第二节　蔬菜地耕地质量评价技术方法与过程

一、技术方法

（一）半方差函数

半方差函数，是研究土壤养分变异性的关键函数。最初常用于采矿勘测，现已广泛运用于地统计学中，是克里格插值的基础。具体函数表达式如下：

$$f(h)=\frac{1}{2N(h)}\sum_{i=1}^{N(h)}[Z(x_i)-Z(x_i+h)]^2$$

式中，f（h）表示半方差函数，h 表示采样点空间间隔距离，N（h）表示以间距为 h 的观测点的样点对数，Z（x_i）和 Z（x_i+h）表示随机变量 x_i 和 x_i+h 在空间位置上的实测值。

在变量符合本征平稳假设下，f（h）值随 h 变大而变大，且 h 达到一定值时趋于稳定。

半方差函数有以下两个重要的参数：

块金值（C_0）：是反映区域化变量内部随机性的可能性，当 $h=0$ 时，半方差函数的值应该为 0，则存在块金值或块金方差。

基台值（C_0+h）：当采样点之间的距离 h 增大时，半变异函数从初始的块金值达到相对稳定的值，该常数值为基台值。

（二）特尔斐法

特尔斐法是用书面形式广泛征询专家意见以预测某项专题或某个项目未来发展的方法，又叫专家打分法。20 世纪 40 年代，美国兰德公司的赫尔墨和达尔基在意见表决和汇总评述研究工作中首先提出这个方法，随即得到广泛应用，并出现了多种改进形式。可以通过此方法对肥东县蔬菜地概念型指标进行打分，确定各指标权重及其隶属度。

（三）层次分析法

层次分析法（AHP）是美国匹兹堡大学运筹学家萨蒂于 20 世纪 70 年代中期提出的一种多层次权重分析决策方法。其特点是具有高度的逻辑性、系统性、简洁性和实用性，现已广泛运用于社会经济系统的决策分析。层次分析法的基本原理是把所研究的复杂问题看作一个大系统，通过对系统的多个因素的分析，划分出各因素间相互联系的有序层次，再请专家对每一层次的各因素进行可靠的判断后，相应地给出相对重要性的定量表示，进而建立数学模型，计算出每一层次全部因素的相对重要性的权值，并加以排序，最后根据排序结果进行规划决策和选择解决问题的措施。

（四）模糊综合评价法

土地是在自然因素和人为因素共同作用下形成的一种复杂的自然综合体，它受时间、空间因子的制约。在现阶段，这些制约因子的作用还难以用精确的数字表达。同时，土地质量本身在“好”与“不好”之间也无截然界限，这类界限具有模糊性。因此，现已尝试用模糊评语评定土地质量，将定性评价转为定量评价，通过模糊数学理论进行综合评价。

二、技术路线

蔬菜地耕地质量评价技术方法与过程包括资料收集（图件、文本）及样品的采集与分析，建立标准数据库，确定评价单元，评价指标选取，蔬菜地质量结合指数确定，评价结果分析等。技术路线详见图 3-1。

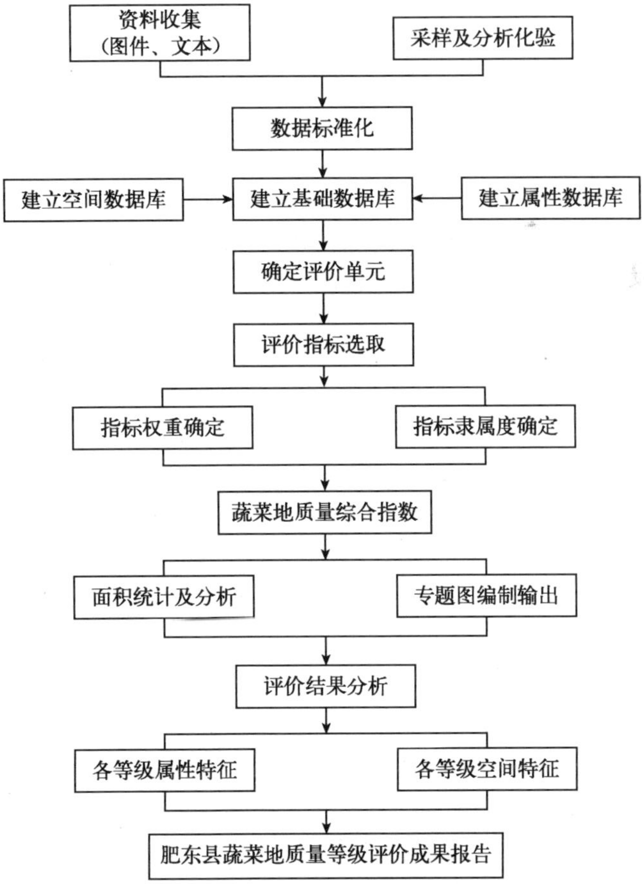

图 3-1　技术路线图

三、技术过程

（一）资料准备与数据库建立

1. 数据及文本资料。需要收集第二次土壤普查成果资料，基本农田保护区划定统计资料，历年土壤肥力监测点田间记载及化验结果资料，各乡镇、村近3年种植面积、粮食单产、总产统计资料，历年肥情网点资料，各乡镇历年化肥、农药、除草剂等农用化学品销售、使用情况，历年土壤测试资料，蔬菜地土壤采样点所有化验数据及GPS定位数据，土壤肥力监测点资料，农村及农业生产基本情况资料，土壤类型代码表，行政区划代码表等数据及文本资料。

2. 图件资料。需要收集土壤、水文和农田基本建设状况，采集数据包括肥东县行政区划图、肥东县土壤图、肥东县地形地貌图、肥东县土地利用现状图（1∶50万）、肥东县影像图等图件资料。

3. 数据库建设。采用测土配方施肥数据汇总软件，以调查点为基本数据库记录，以各蔬菜地质量性状要素数据为基本字段，建立蔬菜地质量基础属性信息数据库。应用该数据库可进行蔬菜地质量性状的统计分析，是蔬菜地质量管理的重要基础数据。将扫描矢量化及空间插值等处理生成的各类专题图件，在ArcGIS软件的支持下，以点、线、区文件的形式进行存储和管理，同时将所有图件转换统一到相同的地理坐标系统和文件格式，最后均导入县域耕地资源管理信息系统中，以建立基础空间数据库及肥东县蔬菜地工作空间。通过空间数据文件与属性数据文件同名字段实现空间数据库与属性数据库的连接，并可进行空间数据库与属性数据库的实时更新。

（二）肥东县蔬菜地质量评价因子与单元确定

1. 确定蔬菜地质量评价因子。评价因子是指参与评定蔬菜地质量等级的诸多属性。影响蔬菜地质量的因素很多，结合肥东县土壤和农业生产等实际情况，经专家组讨论，以肥东县所属的长江中下游区的因子为基础因子，从全国共用的耕地质量评价因子中集中选择补充肥东县蔬菜地特点需要的因子，具体分为立地条件、剖面性状、耕层理化性状、养分状况、健康状况和土壤管理。

2. 确定评价单元。蔬菜地质量评价就是要通过对每个评价单元的评价，确定其蔬菜地质量级别，把评价结果落实到实地和编绘的土地资源图上。因此，蔬菜地评价单元划分是否合理，直接关系到蔬菜地质量评价的结果以及工作量的大小。本次肥东县蔬菜地质量评价单元的划分采用土壤图、土地利用现状图和行政区划图叠置划分法，相同土壤单元、土地利用现状类型和行政区划单位的地块组成一个评价单元，即“土地利用现状类型-土壤类型-行政区划单位”的格式。通过图件的叠置和检索以及较小图斑的合并，将肥东县蔬菜地质量共划分为

3 677 个评价单元。

（三）肥东县蔬菜地质量等级评价

1. 评价单元赋值。影响蔬菜地质量的因子非常多，并且它们在计算机中的存储方式也不相同，因此，如何准确地获取各评价单元评价信息是评价中的重要一环。鉴于此，我们舍弃直接从键盘输入参评因子值的传统方式，根据不同类型数据的特点，采用相关途径为评价单元获取数据，得到图形与属性相连的评价信息，为后续蔬菜地质量的评价奠定了基础。

2. 评价因子的权重确定。在蔬菜地质量评价中，需要根据各参评因素对蔬菜地质量的贡献确定权重，确定权重的方法很多，本评价中采用专家经验和层次分析法相结合的方法进行。专家组通过评议选取评价指标并对各评价指标的重要性进行比较，来确定各参评因素的权重。层次分析法是在定性方法基础上发展起来的，定量确定参评因素权重的一种系统分析方法，这种方法可将人们的经验思维数量化，用以检验决策者判断的一致性，有利于实现定量化评价。具体步骤如下：

（1）建立指标层次结构。蔬菜地质量为目标层（A），影响蔬菜地质量的立地条件、剖面性状、耕层理化性状、养分状况、健康状况、土壤管理为准则层（B），再把影响准则层中各要素作为指标层（C）。

（2）构造判断矩阵。根据专家经验，确定 B 层对 A 层以及 C 层对 B 层的相对重要程度，共构成 A、B1、B2、B3、B4、B5、B6 共 7 个判断矩阵。

（3）层次单排序及一致性检验。即求取 C 层对 B 层的权数值及 B 层对 A 层的权数值，可归结为计算判断矩阵的最大特征根对应的特征向量。利用县域耕地资源管理信息系统软件的层次分析模型，得到的各权数值结果见表 3－1。

表 3－1　蔬菜地质量准则层判断矩阵

肥东蔬菜地评价	立地条件	剖面性状	理化性状	土壤养分	健康状况	土壤管理	Wi
立地条件	1.000 0	0.763 4	0.540 5	0.480 8	1.449 3	1.176 5	0.128 6
剖面性状	1.310 0	1.000 0	0.709 2	0.628 9	1.886 8	1.538 5	0.168 2
理化性状	1.850 0	1.410 0	1.000 0	0.885 0	2.631 6	2.173 9	0.236 9
土壤养分	2.080 0	1.590 0	1.130 0	1.000 0	3.030 3	2.439 0	0.267 9
健康状况	0.690 0	0.530 0	0.380 0	0.330 0	1.000 0	0.819 7	0.089 2
土壤管理	0.850 0	0.650 0	0.460 0	0.410 0	1.220 0	1.000 0	0.109 2

（4）层次总排序及一致性检验。经层次总排序，并进行一致性检验，具有满意的一致性，最后计算 C 层对 A 层的组合权数值，得到各因子的权重如表 3－2 所示。

表 3-2　蔬菜地评价因子及其权重

目标层 (A)	准则层 (B)		指标层 (C)		
	因子	因子权重（Bi）	要素	因子权重（Ci）	组合权重（CiBi）
蔬菜地质量	立地条件	0.12	地形部位	0.71	0.085 3
			农田林网化程度	0.29	0.034 7
	剖面性状	0.17	障碍因素	0.29	0.050 1
			有效土层厚度	0.19	0.031 5
			质地构型	0.28	0.047 8
			地下水埋深	0.24	0.040 6
	耕层理化性状	0.24	耕层质地	0.30	0.072 0
			土壤容重	0.19	0.046 7
			pH	0.27	0.065 3
			盐渍化程度	0.23	0.056 0
	养分状况	0.26	有机质	0.45	0.117 0
			有效磷	0.16	0.041 9
			速效钾	0.13	0.034 7
			有效硫	0.13	0.034 7
			碱解氮	0.12	0.031 8
	健康状况	0.11	清洁程度	0.61	0.066 6
			生物多样性	0.39	0.043 4
	土壤管理	0.1	灌溉能力	0.55	0.055 0
			排水能力	0.45	0.045 0

3. 确定评价因子的隶属度。对定性数据采用特尔斐法直接给出相应的隶属度；对定量数据采用特尔斐法与隶属函数法结合的方法确定各评价因子的隶属函数（用特尔斐法根据一组分布均匀的实测值评估出对应的一组隶属度，然后在计算机中绘制这两组数值的散点图，再根据散点图进行曲线模拟，寻求参评因素实际值与隶属度关系方程从而建立起隶属函数）。

（四）蔬菜地质量等级划分与成果图件编制

1. 计算蔬菜地质量综合指数。采用累加法计算每个评价单元的综合指数，公式为：

$$IFI = \sum (F_i \times C_i)$$

式中，IFI（Integrated Fertility Index）表示蔬菜地质量综合指数，F_i 表示

第 i 个因素评语（分值），C_i 表示第 i 个因素的组合权重。

具体操作过程：县域耕地资源管理信息系统会在评价单元的数据库中增加各参评因素隶属度字段和综合指数字段，用"repl all 综合指数 with $\sum F_i \times C_i$"实现综合指数的自动赋值。

2. 确定最佳的蔬菜地质量等级。在县域耕地资源管理信息系统软件中调入评价单元数据库，按综合指数进行排序，评价单元次序号为 x 轴，综合指数为 y 轴，绘制综合指数分布图，根据曲线斜率的突变点（拐点）来确定等级的数目和划分综合指数的临界点。肥东县蔬菜地质量综合指数分级如表 3－3 所示。

表 3－3　肥东县蔬菜地质量综合指数划分

蔬菜地质量综合指数（*IFI*）	蔬菜地质量等级
≥0.816 6	一等蔬菜地
0.803 0～0.816 6	二等蔬菜地
0.788 9～0.803 0	三等蔬菜地
0.774 5～0.788 9	四等蔬菜地
0.761 7～0.774 5	五等蔬菜地
0.748 3～0.761 7	六等蔬菜地
0.722 1～0.748 3	七等蔬菜地
0.697 4～0.722 1	八等蔬菜地
0.635 1～0.697 4	九等蔬菜地
<0.635 1	十等蔬菜地

3. 成果图件编制。为提高制图的效率、准确性及美观效果，将县域耕地资源管理信息系统中的评价成果图导入地理信息系统软件 ArcGIS，在 ArcGIS 的支持下，进行肥东县蔬菜地质量等级图及相关图件的编绘处理。

第三节　蔬菜地质量等级特征分析

一、蔬菜地质量等级基本情况

（一）各等级面积统计

蔬菜地总面积为 5 904.23 hm^2。一等蔬菜地面积为 180.67 hm^2，占全县蔬菜地的 3.06%；二等蔬菜地面积为 562.20 hm^2，占全县蔬菜地的 9.52%；三等蔬菜地面积为 748.83 hm^2，占全县蔬菜地的 12.68%；四等蔬菜地面积为 832.06 hm^2，占全县蔬菜地的 14.09%；五等蔬菜地面积为 965.67 hm^2，占全县蔬菜地的 16.36%；六等蔬菜地面积为 823.23 hm^2，占全县蔬菜地的 13.94%；七等蔬菜地面积为635.81 hm^2，占全县蔬菜地的10.77%；八等蔬菜地面积为556.64 hm^2，占全县蔬菜地的9.43%；九等蔬菜地面积为434.56 hm^2，占全县蔬菜地的7.36%；十等蔬菜地面积为164.56 hm^2，占全县蔬菜地的2.79%。肥东县蔬菜地质量各等级面积统计见表3-4。

表3-4　肥东县蔬菜地质量各等级面积统计

蔬菜地等级	面积（hm^2）	占比（%）
一等蔬菜地	180.67	3.06
二等蔬菜地	562.20	9.52
三等蔬菜地	748.83	12.68
四等蔬菜地	832.06	14.09
五等蔬菜地	965.67	16.36
六等蔬菜地	823.23	13.94
七等蔬菜地	635.81	10.77
八等蔬菜地	556.64	9.43
九等蔬菜地	434.56	7.36
十等蔬菜地	164.56	2.79
总计	5 904.23	100.00

（二）各等级的总体分布

蔬菜地共分成10个等级，分别为一等至十等。面积主要集中在二等至七等，占全县蔬菜地面积的77.36%，其中占比最多的为五等蔬菜地，占全县蔬菜地16.36%，其次为四等和六等，占比分别为14.09%和13.94%。占比较少的是一等地和十等地，占比分别为3.06%和2.79%。由图3-2可见肥东县蔬菜地质量等级面积分布整体呈正态分布趋势。

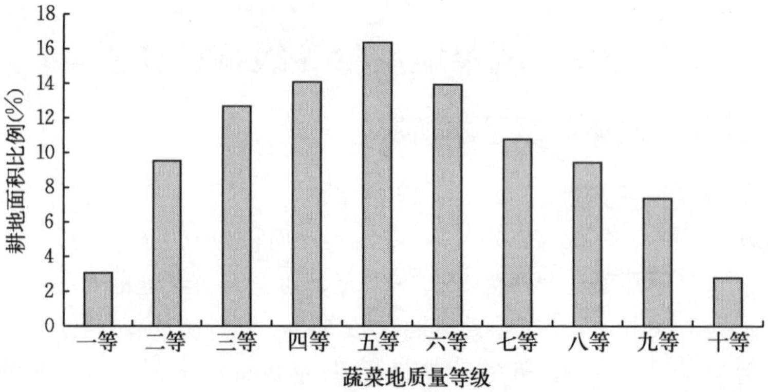

图3-2　蔬菜地质量各等级面积占比

（三）蔬菜地质量等级地域分布

一等蔬菜地至三等蔬菜地，集中分布在南部滨湖平原和中部波状平原区，该地区水源条件优越，生产水平高，土地利用类型主要是灌溉水田。四等蔬菜地至七等蔬菜地全县分布最广，各乡镇均有分布，以中部至南部分布最密集，地形部位以平畈冲田居多，水源条件一般。八等蔬菜地至十等蔬菜地主要分布在北部丘陵岗地以及东部地区，该地区跨越江淮分水岭，以冲田和低洼田居多，岗冲交错，土层浅薄，离村庄较远。

二、蔬菜地质量等级分述

（一）一等蔬菜地

肥东县一等蔬菜地质量最好，适合蔬菜种植生长，但其盐渍化程度偏高，需要重视改善。其面积为 180.67 hm^2，占全县蔬菜地的 3.06%，集中分布于肥东县中部波状平原和滨湖平原。全县一等蔬菜地分布乡镇较少，以撮镇镇分布面积最大，占比为 24.56%；其次是包公镇，占 17.56%；杨店乡、长临河镇、八斗镇均有 10%以上的一等蔬菜地分布，陈集镇、马湖乡等 8 个乡镇没有一等蔬菜地分布。

一等蔬菜地土壤类型主要有血马肝田、下位黏盘黄白土、马肝田等，分别占一等蔬菜地总面积的 53%、16%、12%。耕层质地类型主要为中壤，占比为 80%以上，有效土层厚度平均为 96.29 cm；土壤 pH 平均为 5.74，呈弱酸性；土壤容重平均 1.31 g/cm^3；土壤中含盐量平均 1.98 g/kg；灌排条件好，地下水位平均在 73.56 cm，水位适中，适宜蔬菜生长。土壤养分含量水平总体处于中等及中等以上水平，其中有效磷和有效硫整体为丰，速效钾整体为较丰水平，有机质和碱解氮整体处于中等水平。一等蔬菜地养分平均值高于其他等级的土壤养分含量（表 3－5）。

表 3－5　肥东县一等蔬菜地主要土壤养分含量及丰缺度

项目	有机质（g/kg）	有效磷（mg/kg）	速效钾（mg/kg）	碱解氮（mg/kg）	有效硫（mg/kg）
样本数（个）	137	137	137	137	137
范围	18.37～38.16	62.7～244.2	126～279	68.8～263.8	22.7～155.0
平均值	23.42	105.9	184	112.3	70.3
标准差	4.38	37.9	40	21.3	38.1
含量水平	中	丰	较丰	中	丰

（二）二等蔬菜地

肥东县二等蔬菜地质量仅次于一等蔬菜地，其限制性因子为土壤容重和土壤含盐量，二者均稍偏高，对蔬菜生长稍有抑制。其面积为 562.20 hm^2，占全县蔬菜地的 9.52%。集中分布于肥东县中部及南部波状平原的平畈冲田。全县乡镇二等蔬菜地以撮镇镇面积最大，占比为 17.23%；其次是包公镇和店埠镇，分别占比为 12.90%和 12.40%；陈集镇、马湖乡、元疃镇等 7 个乡镇没有二等蔬菜地分布，其他乡镇占比均在 10%以下。

二等蔬菜地土壤类型主要有黄白土田、血马肝田、马肝田等，分别占二等蔬菜地的 29%、19%、18%。耕层质地类型以中壤为主，平均有效土层厚度为 97.73 cm；土壤 pH 为 5.56，呈弱酸性；土壤容重平均 1.41 g/cm^3；土壤中含盐量平均 2.07 g/kg；灌排条件较好，地下水位平均在 73.34 cm，水位适宜蔬菜生长。土壤养分含量水平总体处于中等偏上水平，土壤有效磷含量与有效硫含量处于丰水平，土壤速效钾含量较丰，土壤有机质与碱解氮含量处于中等水平（表 3 - 6）。

表 3 - 6　肥东县二等蔬菜地主要土壤养分含量及丰缺度

项目	有机质（g/kg）	有效磷（mg/kg）	速效钾（mg/kg）	碱解氮（mg/kg）	有效硫（mg/kg）
样本数（个）	387	387	387	387	387
范围	18.36～34.39	42.2～242.7	117～268	80.3～253.4	31.1～223.6
平均值	22.24	103.2	188	113.7	75.5
标准差	2.81	30.0	28	14.1	38.6
含量水平	中	丰	较丰	中	丰

（三）三等蔬菜地

肥东县三等蔬菜地大多数影响因子都处于较好水平，总体蔬菜地质量较高，但土壤容重和含盐量偏高，可能会存在土壤板结现象。面积为 748.83 hm^2，占全县蔬菜地的 12.68%。三等蔬菜地主要分布在中部地区，其中占比最大的是撮镇镇，占比为 19.42%；其次是店埠镇、梁园镇、白龙镇，分别占 14.62%、11.30%、10.40%；其他乡镇占比均在 10%以下。

三等蔬菜地土壤类型主要有黄白土田、下位黏盘黄白土、马肝田等，黄白土田、下位黏盘黄白土均占三等蔬菜地面积的 21%，马肝田占三等蔬菜地面积的 16%。耕层质地以中壤为主，平均有效土层厚度为 96.10 cm；土壤 pH 平均 5.51，呈弱酸性；耕层容重平均 1.42 g/cm^3；土壤中含盐量平均 2.03 g/kg；灌排条件尚好，地下水位平均在 97.31 cm，总体水位适中，满足蔬菜生长需要。

土壤养分含量水平总体处于中等水平，土壤有效磷含量与有效硫含量水平为丰，土壤速效钾含量较丰，土壤有机质和碱解氮含量处于中等水平（表 3－7）。

表 3－7 肥东县三等蔬菜地主要土壤养分含量及丰缺度

项目	有机质（g/kg）	有效磷（mg/kg）	速效钾（mg/kg）	碱解氮（mg/kg）	有效硫（mg/kg）
样本数（个）	418	418	418	418	418
范围	15.95～29.39	25.0～307.4	100～288	64.9～188.1	27.1～249.5
平均值	21.67	99.3	181	110.8	78.1
标准差	2.77	35.0	31	15.3	47.7
含量水平	中	丰	较丰	中	丰

（四）四等蔬菜地

肥东县四等蔬菜地大多影响因子都处于中等偏上水平，其限制因子为土壤容重。面积为 832.06 hm^2，占全县蔬菜地的 14.09%。四等蔬菜地在全县中南部以及北部分布较多，其中占比最大的是撮镇镇，占比为 25.91%；其次是店埠镇，占比为 12.00%；牌坊回族满族乡和八斗镇分别占 10.38%和 10.33%，其他乡镇占比均在 10%以下。

四等蔬菜地土壤类型主要有下位黏盘黄白土、马肝田、黄白土田等，下位黏盘黄白土占四等蔬菜地面积的 34%，马肝田和黄白土田均占四等蔬菜地面积的 13%。耕层质地中壤为主，平均有效土层厚度为 97.02 cm；土壤 pH 为 5.47，呈酸性；耕层容重平均 1.44 g/cm^3；土壤中含盐量平均 1.98 g/kg，盐渍化程度较低；灌排条件尚好，地下水位平均在 109.45 cm，总体水位稍低。土壤养分含量水平总体处于中等水平，土壤有效磷与有效硫含量处于丰水平，土壤速效钾含量较丰，土壤有机质与碱解氮含量处于中等水平（表 3－8）。

表 3－8 肥东县四等蔬菜地主要土壤养分含量及丰缺度

项目	有机质（g/kg）	有效磷（mg/kg）	速效钾（mg/kg）	碱解氮（mg/kg）	有效硫（mg/kg）
样本数（个）	534	534	534	534	534
范围	15.40～34.12	10.1～239.6	84～296	46.6～267.5	22.0～244.9
平均值	21.48	96.5	180	107.3	75.2
标准差	2.76	35.0	32	15.6	50.0
含量水平	中	丰	较丰	中	丰

（五）五等蔬菜地

肥东县五等蔬菜地大多影响因子都处于中等水平，其限制因子为土壤容重和地下水埋深，土壤容重偏高，地下水位稍低。面积为 965.67 hm^2，占全县蔬菜地的 16.36%。五等蔬菜地在全县各乡镇除陈集镇外，均有零星分布，其中占比最大的是撮镇镇，占比为 19.92%；其次是牌坊回族满族乡和梁园镇，分别占 12.28%和 10.77%；其他乡镇占比均在 10%以下。

五等蔬菜地土壤类型主要有下位黏盘黄白土、瘦马肝田、高位潜育青湖泥田等，分别占五等蔬菜地面积的 26%、19%、11%。耕层质地以中壤、重黏和重壤为主，平均有效土层厚度为 96.79 cm；土壤 pH 为 5.40；耕层容重平均 1.44 g/cm^3；土壤中含盐量平均 2.07 g/kg，盐渍化程度稍高；灌排条件尚好，地下水位平均在 135.33 cm，对蔬菜生长稍有抑制。土壤养分含量水平总体处于中等水平，土壤有效磷与有效硫含量处于丰水平，土壤速效钾含量较丰，土壤有机质与碱解氮含量处于中等水平（表 3－9）。

表 3－9　肥东县五等蔬菜地主要土壤养分含量及丰缺度

项目	有机质（g/kg）	有效磷（mg/kg）	速效钾（mg/kg）	碱解氮（mg/kg）	有效硫（mg/kg）
样本数（个）	543	543	543	543	543
范围	12.77～30.20	6.3～188.3	82～353	58.8～186.3	23.4～273.5
平均值	21.44	96.7	180	106.7	78.0
标准差	2.90	33.4	38	13.5	51.8
含量水平	中	丰	较丰	中	丰

（六）六等蔬菜地

肥东县六等蔬菜地大多影响因子都处于中等水平，其限制因子为 pH、土壤容重以及地下水埋深，土壤偏酸性，土壤容重偏高，地下水位稍低。面积为 823.23 hm^2，占全县蔬菜地的 13.94%。六等蔬菜地除陈集镇外全县各乡镇均有分布，其中占比最大的是撮镇镇，占比为 18.23%；其次是梁园镇和长临河镇，分别占 11.70%和 10.09%；其他乡镇占比均在 10%以下。

六等蔬菜地土壤类型主要有瘦马肝田、下位黏盘黄白土、澄白土田等，分别占六等蔬菜地面积的 24%、19%、14%。耕层质地中壤和重黏为主，平均有效土层厚度为 96.21 cm；土壤 pH 为 5.30；耕层容重平均 1.48 g/cm^3；土壤中含盐量平均 1.91 g/kg，盐渍化程度较低；灌排条件一般，地下水位平均在 148.54 cm。土壤养分含量水平总体处于中等水平，土壤有效磷含量与有效硫含量处于丰水平，土壤速效钾含量较丰，土壤有机质与碱解氮含量处于中等水平（表 3－10）。

表 3-10　肥东县六等蔬菜地主要土壤养分含量及丰缺度

项目	有机质（g/kg）	有效磷（mg/kg）	速效钾（mg/kg）	碱解氮（mg/kg）	有效硫（mg/kg）
样本数（个）	583	583	583	583	583
范围	9.56～29.79	12.6～222.2	90～274	45.3～184.7	22.0～233.6
平均值	20.99	94.3	178	106.6	71.7
标准差	2.50	39.2	34	15.2	46.1
含量水平	中	丰	较丰	中	丰

（七）七等蔬菜地

肥东县七等蔬菜地大多影响因子都处于中等偏下，其限制因子为土壤质地、pH、土壤容重、土壤含盐量以及地下水埋深，土壤质地偏黏，土壤偏酸性，土壤容重偏高，土壤含盐量稍高，地下水位稍低。面积为 635.81 hm^2，占全县蔬菜地的 10.77%。七等蔬菜地在全县除陈集镇外，各乡镇均有分布，其中占比最大的为牌坊回族满族乡，占比为 15.56%；其次是店埠镇和撮镇镇，分别占 13.66%和 10.01%；其他乡镇占比均在 10%以下。

七等蔬菜地土壤类型主要有瘦马肝田、下位黏盘黄白土、下位黏盘黄马肝土等，分别占七等蔬菜地面积的 47%、10%、8%。耕层质地偏黏，重黏占七等蔬菜地 58%，平均有效土层厚度为 95.93 cm；土壤 pH 为 5.33；耕层容重平均 1.48 g/cm^3；土壤中含盐量平均 2.09 g/kg，盐渍化程度稍高；灌排条件中等偏下，地下水位平均在 150.68 cm，蔬菜根系生长和下扎受到一定的抑制[12]。土壤养分含量水平总体处于中等水平，土壤有效磷与有效硫含量处于丰水平，土壤速效钾含量较丰，土壤有机质与碱解氮含量处于中等水平（表 3-11）。

表 3-11　肥东县七等蔬菜地主要土壤养分含量及丰缺度

项目	有机质（g/kg）	有效磷（mg/kg）	速效钾（mg/kg）	碱解氮（mg/kg）	有效硫（mg/kg）
样本数（个）	392	392	392	392	392
范围	9.56～28.65	8.6～237.3	122～306	58.5～263.6	23.0～230.2
平均值	20.76	93.0	189	109.0	91.2
标准差	2.83	34.7	31	17.0	55.1
含量水平	中	丰	较丰	中	丰

（八）八等蔬菜地

肥东县八等蔬菜地大多影响因子都处于中等偏下，其限制因子为土壤有机质、土壤质地、pH、土壤容重、土壤含盐量以及地下水埋深，土壤有机质含量较缺，土壤质地偏黏，土壤偏酸性，土壤容重偏高，土壤含盐量稍高，地下水位稍低。面积为 556.64 hm^2，占全县蔬菜地的 9.43%。八等蔬菜地主要分布在中北部，其中占比最大的是白龙镇，占比为 17.19%；其次是牌坊回族满族乡和元疃镇，分别占 14.89%和 10.79%；其他乡镇占比均在 10%以下。

八等蔬菜地土壤类型主要由瘦马肝田、下位黏盘黄白土、下位黏盘黄马肝土等土种评价单元构成，瘦马肝田占八等蔬菜地面积的 44%，下位黏盘黄白土和下位黏盘黄马肝土均占 11%。八等蔬菜地耕层质地偏黏，其中重黏占到 60%，重壤占到 17%，平均有效土层厚度为 95.21 cm；土壤 pH 平均为 5.27；耕层容重平均 1.46 g/cm^3；土壤中含盐量平均 2.07 g/kg，盐渍化程度较低；灌排条件中等偏下，地下水位平均在 145.96 cm，蔬菜根系生长和下扎受到一定的抑制。土壤养分含量水平总体处于中等水平，土壤有效硫含量处于丰水平，土壤速效钾含量较丰，土壤有效磷与碱解氮含量处于中等水平，土壤有机质含量处于较缺水平（表 3-12）。

表 3-12　肥东县八等蔬菜地主要土壤养分含量及丰缺度

项目	有机质（g/kg）	有效磷（mg/kg）	速效钾（mg/kg）	碱解氮（mg/kg）	有效硫（mg/kg）
样本数（个）	294	294	294	294	294
范围	9.55～28.20	8.3～151.6	68～287	69.6～146.4	22.2～230.8
平均值	19.65	87.2	187	107.0	79.7
标准差	2.99	32.6	38	14.0	51.5
含量水平	较缺	中	较丰	中	丰

（九）九等蔬菜地

肥东县九等蔬菜地大多影响因子都处于中等偏下，其限制因子为土壤有机质、土壤质地、pH、土壤容重以及地下水埋深，土壤有机质较缺，土壤质地偏黏，土壤偏酸性，土壤容重偏高，地下水位稍低。面积为 434.56 hm^2，占全县蔬菜地的 7.36%。九等蔬菜地主要分布在北部，其中占比最大的是元疃镇，占比为 32.14%；其次是古城镇，占比为 12.60%；其他乡镇占比均在 10%以下。

九等蔬菜地土壤类型主要有瘦马肝田、下位黏盘黄马肝土、高位潜育青湖泥田等，分别占九等蔬菜地面积的 36%、21%、13%。耕层质地主要是重黏，占 50%左右，平均有效土层厚度为 94.80 cm；土壤 pH 为 5.03；土壤容重平均 1.45 g/cm^3；土壤中含盐量平均 1.46 g/kg，盐渍化程度较低；灌排条件一般，地下水位平均在 125.50 cm。土壤养分含量与其他等蔬菜地相比，总体上稍低，土壤有效磷含量处于丰水平，土壤速效钾和有效硫含量较丰，土壤碱解氮含量处于中等水平，土壤有机质含量处于较缺水平（表 3 - 13）。

表 3 - 13　肥东县九等蔬菜地主要土壤养分含量及丰缺度

项目	有机质（g/kg）	有效磷（mg/kg）	速效钾（mg/kg）	碱解氮（mg/kg）	有效硫（mg/kg）
样本数（个）	288	288	288	288	288
范围	9.55～25.32	10.5～151.3	51～293	62.4～150.6	21.6～179.3
平均值	18.63	81.2	173	102.7	47.9
标准差	3.49	38.4	35	13.3	24.5
含量水平	较缺	丰	较丰	中	较丰

（十）十等蔬菜地

肥东县十等蔬菜地大多影响因子都处于中等偏下，其限制因子为土壤质地、pH、土壤容重以及有机质含量，土壤质地偏黏，土壤偏酸性，土壤容重偏高，有机质含量较低。面积为 164.56 hm^2，占全县蔬菜地的 2.79%。十等蔬菜地在全县分布较少，主要分布在元疃镇和古城镇，分别占 30.33%和 23.08%；其次是石塘镇和马湖乡，分别占 16.85%和 13.66%；其他乡镇占比均在 10%以下，有一半左右的乡镇没有十等蔬菜地分布。

十等蔬菜地土壤类型主要是下位黏盘黄马肝土，面积占 41%；其次为瘦马干田，面积占 26%；高位潜育青湖泥田占 14%左右。耕层质地主要是重黏、重壤、中壤，分别占 44%、35%、15%；平均有效土层厚度为 96.33 cm；土壤 pH 为 5.29；土壤容重平均 1.47 g/cm^3；土壤中含盐量平均 0.95 g/kg，基本无盐渍化；灌排条件强，地下水位平均在 108.00 cm，水位稍低，蔬菜根系生长和下扎受到抑制。土壤养分含量与其他等蔬菜地相比，总体上稍低，土壤有效磷含量处于丰水平，土壤速效钾和有效硫含量较丰，土壤碱解氮含量处于中等水平，土壤有机质含量处于较缺水平（表 3 - 14）。

表 3 - 14　肥东县十等蔬菜地主要土壤养分含量及丰缺度

项目	有机质（g/kg）	有效磷（mg/kg）	速效钾（mg/kg）	碱解氮（mg/kg）	有效硫（mg/kg）
样本数（个）	101	101	101	101	101
范围	9.01～24.63	4.9～151.4	66～251	32.2～145.5	21.0～125.4
平均值	14.21	59.0	163	103.3	45.8
标准差	3.68	39.04	40	21.5	20.6
含量水平	较缺	丰	较丰	中	较丰

第四节　蔬菜地土壤属性特征分析

一、蔬菜地土壤主要属性特征分析

（一）蔬菜地土壤有机质空间分布及评价

土壤有机质是土壤的重要组成部分，与土壤的发生演变、肥力水平和许多属性都有密切的关系。土壤有机质中含有蔬菜生长所需的各种养分，可直接或间接地为蔬菜生长提供氮、磷、钾、钙、镁、硫和各种微量元素；有机质具有改善土壤理化性状，影响和制约土壤结构形成及通气性、渗透性、缓冲性、交换性能和保水保肥性能，是评价蔬菜地质量的重要指标。对耕作土壤来说，培肥的中心环节就是增施各种有机肥，实行秸秆还田，保持和提高土壤有机质含量。

土壤有机质的积累与矿化是土壤与生态环境之间物质和能量循环的一个重要环节。肥东县处于北亚热带季风气候区，干湿交替明显，生物活动比较活跃，这一方面促使耕种土壤的熟化，另一方面有机质积累少，有碍耕作土壤肥力的提高。本次蔬菜地质量调查，耕层土壤有机质平均含量为 21.05 g/kg，标准差为 3.29 g/kg，其中 60%的蔬菜地土壤有机质为 20～30 g/kg，全县蔬菜地土壤有机质水平处于中等水平。根据安徽省第二次土壤普查时制定的土壤养分分级标准，有机质含量分级及面积见表 3-15。

表 3-15　肥东县蔬菜地土壤有机质等级

项目	1	2	3	4	5
范围（g/kg）	≥40	40～30	30～20	20～10	<10
丰缺度	丰	较丰	中	较缺	缺
面积（hm^2）	0.00	40.36	3 734.74	2 059.52	69.61
占全县蔬菜地比例	0.00%	0.68%	63.26%	34.88%	1.18%

（二）蔬菜地土壤有效磷空间分布及评价

土壤中的磷一般以无机磷和有机磷两种形态存在，通常有机磷占全磷量的 20%～50%，无机磷占全磷的 50%～80%。无机形态的磷中易溶性磷酸盐及土壤胶体吸附的磷酸根离子和有机形态磷中易矿化的部分被称为土壤有效磷，约占土壤总磷量的 10%左右。土壤有效磷含量是衡量土壤养分容量和强度水平的重要指标。

全县蔬菜地土壤有效磷含量水平处于丰水平，平均含量为 94.2 mg/kg，对比第二次土壤普查土壤有效磷含量有明显提高，其标准差 36.2 mg/kg。耕层土壤有效磷含量分级及面积见表 3-16。根据含量分级标准，90%的蔬菜地土壤有效磷含量大于 40 mg/kg。

表 3-16 肥东县蔬菜地土壤有效磷等级

项目	1	2	3	4	5
范围（mg/kg）	>40	40～20	20～10	10～5	<5
丰缺度	丰	较丰	中	较缺	缺
面积（hm^2）	5 547.28	312.06	23.68	20.53	0.68
占全县蔬菜地比例	93.95%	5.29%	0.40%	0.35%	0.01%

（三）蔬菜地土壤速效钾空间分布及评价

土壤速效钾指水溶性钾和黏土矿物晶体外表面吸附的交换性钾，可以为植物直接吸收利用，在植物生长及其品质方面起着重要作用。速效钾含量水平高低反映了土壤的供钾能力，是土壤质量的一项重要指标。

肥东县蔬菜地耕层土壤速效钾含量平均为 181 mg/kg，处于中等偏上。其标准差 34 mg/kg。蔬菜地土壤速效钾含量分级及面积见表 3-17。根据含量分级标准，80%的蔬菜地土壤速效钾含量在 150 mg/kg 之上。

表 3-17 肥东县蔬菜地土壤速效钾等级

项目	1	2	3	4	5
范围（mg/kg）	>200	200～150	150～100	100～50	<50
丰缺度	丰	较丰	中	较缺	缺
面积（hm^2）	1 383.61	3 493.73	972.61	54.28	0.00
占全县蔬菜地比例	23.43%	59.17%	16.47%	0.92%	0.00%

（四）蔬菜地土壤碱解氮空间分布及评价

土壤碱解氮是在蔬菜生长期间能被蔬菜吸收的氮素，它包括无机矿物态氮（铵态氮、硝态氮）以及部分有机质中易分解的比较简单的氨基酸，酰胺和部分蛋白质态氮。

肥东县蔬菜地耕层土壤碱解氮含量平均为 108.1 mg/kg，处于中等偏下水平。其变化范围 32.2～267.5 mg/kg，标准差 15.6 mg/kg。蔬菜地土壤碱解氮含量分级及面积见表 3-18。根据含量分级标准，60%以上的蔬菜地土壤速效钾含量在 150～100 mg/kg。

表 3-18　肥东蔬菜地土壤碱解氮等级

项目	1	2	3	4	5
范围（mg/kg）	>200	200～150	150～100	100～50	<50
丰缺度	丰	较丰	中	较缺	缺
面积（hm^2）	20.29	54.09	3 931.35	1 891.41	7.09
占全县蔬菜地比例	0.34%	0.92%	66.59%	32.03%	0.12%

（五）蔬菜地土壤有效硫空间分布及评价

硫在蔬菜体内既是构成氨基酸、蛋白质的结构组分，又是许多酶与辅酶的活性物质，参与细胞内许多重要的代谢过程；硫还是许多挥发性化合物的结构成分，这些成分使葱头、大蒜、大葱和芥菜等蔬菜具有特殊的气味。有效硫是作物硫素营养的主要来源，是土壤中能被植物直接吸收利用的硫。通常包括易溶硫、吸附性硫和部分有机硫。

肥东县蔬菜地耕层土壤有效硫含量平均为 74.4 mg/kg，总体处于中等偏上水平。其标准差为 47.7 mg/kg。蔬菜地土壤有效硫含量分级及面积见表 3-19。根据含量分级标准，90%左右的蔬菜地土壤有效硫含量在 30 mg/kg 之上。

表 3-19　肥东蔬菜地土壤有效硫等级

项目	1	2	3	4	5
范围（mg/kg）	>50	50～30	30～16	16～12	<12
丰缺度	丰	较丰	中	较缺	缺
面积（hm^2）	3 307.11	1 926.15	670.97	0.00	0.00
占全县蔬菜地比例	56.01%	32.63%	11.36%	0.00	0.00

二、蔬菜地土壤其他属性特征分析

（一）蔬菜地土壤酸碱度空间分布及评价

土壤酸碱度是影响土壤肥力和作物生长的一个重要因素，过酸或者过碱，都会影响作物的正常生长，降低某些土壤养分的有效性。当 pH 超过 7.5 时，磷酸与钙、铁等金属离子相结合，转换为迟效态，锌、锰、铜、硼等微量元素也因土壤的固定作用而大大降低其有效性；pH 超过 8.0 时，许多作物就会表现出缺磷及其他缺素状况，同时还会影响土壤微生物的活动、有机质的分解及合成，以及氮磷的转化和积累。研究表明，一般适宜蔬菜生长的土壤 pH 为 5.5～6.5。

肥东县蔬菜地土壤 pH 平均为 5.39，土壤属性偏酸性。根据安徽省第二次土壤普查时制定的土壤 pH 分级标准，肥东县蔬菜地土壤 pH 含量分级见表3－20。

表 3－20　肥东蔬菜地土壤酸碱度等级

项目	1	2	3	4	5
范围	＜4.5	4.5～5.5	5.5～6.5	6.5～7.5	7.5～8.5
酸碱度	强酸	酸性	弱酸性	中性	碱性
面积（hm^2）	275.57	3 264.35	2 334.35	24.00	5.96
占全县蔬菜地比例	4.67%	55.29%	39.54%	0.41%	0.10%

（二）蔬菜地土壤盐渍化程度空间分布及评价

地表长期覆盖栽培改变了土壤原有的生态环境，其温度、湿度、光照、小气候等都发生了很大的变化，土壤经常处于高温、高湿、高蒸发、无雨水淋溶的环境中，加之生产中人们往往盲目施肥，土壤的理化性状和生物学特性产生了很大的变化，土壤盐分表积现象明显，导致土壤盐渍化，成了蔬菜生产的主要土壤障碍因子。

肥东县蔬菜地土壤含盐量平均值为 1.94 g/kg，土壤盐渍化程度较低；无盐渍化土壤以及轻度盐渍化土壤占全县蔬菜地面积的 50%以上；其次是中度盐渍化的土壤，占全县蔬菜地面积的 41.93%。根据《土壤农化分析》制定的土壤盐渍化分级标准，肥东县蔬菜地土壤盐渍化程度分级见表 3－21。

表 3－21　肥东蔬菜地土壤盐渍化等级

项目	1	2	3	4	5
范围	＜1.0	1.0～2.0	2.0～3.0	3.0～5.0	5.0～10.0
盐渍化程度	非盐渍化土壤	轻度盐渍化	中度盐土	重度盐渍化	极重盐土
面积（hm^2）	581.22	2 516.06	2 475.91	270.58	60.46
占全县蔬菜地比例	9.84%	42.61%	41.93%	4.58%	1.02%

（三）蔬菜地土壤质地空间分布及评价

土壤质地是影响土壤肥力的一个极其重要的因素，土壤质地常常是决定土壤的蓄水、导水、保水、保温、通气、耕性等性能的主要因素之一，与作物栽培的关系十分密切。

肥东县蔬菜地耕层土壤质地有轻壤、沙壤、中壤、重壤、重黏 5 种。其中，中壤面积最大，占全县蔬菜地面积的 39.89%；其次为重黏与重壤，共占全县蔬菜地的 49.86%；其他类型土壤面积占全县蔬菜地的 10%左右。不同质地类型蔬菜地面积分布见表3－22。

表3－22　肥东蔬菜地土壤质地类型

项目	轻壤	沙壤	中壤	重壤	重黏
面积（hm^2）	543.18	61.62	2 355.38	1 348.13	1 595.92
占全县蔬菜地比例	9.20%	1.04%	39.89%	22.83%	27.03%

三、蔬菜地质量提升与可持续利用对策建议

（一）蔬菜地质量的保护

通过对肥东县蔬菜地质量调查与评价工作的开展，全面摸清了全县蔬菜地质量状况和水平，初步查清了肥东县在蔬菜地资源的利用与管理、可持续发展等方面存在的问题。为了蔬菜地调查与评价工作成果及时应用到农业生产中，发挥技术推动作用，有针对性地解决当前蔬菜生产管理中存在的问题，本章从土壤培肥与改良利用、科学施肥与无公害生产、蔬菜地资源的合理利用与科学管理等方面提出对策与建议[13]。

耕地是人类赖以生存和发展的珍贵资源，人类所需要的食物几乎全部直接或间接地来源于耕地。加强耕地质量的管理，对于提高耕地产能、保障粮食安全，具有十分重要的意义。近年来，肥东县蔬菜产业发展初具规模，蔬菜种植在农业生产中的地位越来越高，蔬菜地质量保护急待引起重视[14]。通过对肥东县蔬菜地质量调查与评价工作的开展，现提出以下几点意见措施来加强蔬菜地质量保护：

1. 加强立法执法监督和污染源的控制管理。严格把好工矿企业的选址和环评，改善蔬菜基地周边环境，加强对工业“三废”排放的无害化处理，下决心关、停、并、转一批污染严重超标的企业，制止污染物的乱排乱放，严禁将有毒污水或固体废弃物直接排入河道或农田，从源头上减少和控制污染的产生，保护和改善蔬菜基地周边的环境。

2. 加强肥、药、水的科学管理和使用指导。推广清洁生产技术，抓好蔬菜地有机肥和化肥质量关，开展安全用药的技术指导与监督，推进畜禽养殖排泄物资源化利用和无害化处理，严格控制不合理污水灌溉和污泥农用，推广农牧结合、资源利用等生态化治理模式。

3. 有机与无机肥合理配施，优化平衡施肥。全县蔬菜地土壤酸化严重，有机质含量偏低。为蔬菜生产创造高产的土壤条件，必须重视和增加有机肥的施用，提倡冬种绿肥和使用有机-无机复混肥，对酸性土壤应根据其潜性酸量，适当施用石灰加以改善，科学指导全县蔬菜地的化肥使用，把用地与养地结合起

来，实现全县蔬菜地资源的可持续利用[15]。

4. 定期开展蔬菜地质量监测。耕地质量监测一直是土肥工作的基础与核心，是进行农业生产决策的重要依据。进一步优化肥东县耕地质量监测网点，健全管理制度，设立蔬菜地监测点，完善监测网络体系，及时进行蔬菜地质量监测报告的发布，探索蔬菜地质量的预警预报体系。

（二）蔬菜地质量的提升

通过对肥东县蔬菜地养分情况进行研究发现，肥东县蔬菜地养分整体状况中等。其中，有机质贫瘠与土壤酸化问题较为突出，有学者认为 20 cm 表层土壤有机质的含量一般需要在 30 g/kg 以上才能适宜蔬菜生长。肥东县蔬菜地土壤有机质范围 5.39～42.30 g/kg，平均含量为 20.06 g/kg，处于中等水平。而一般适宜蔬菜生长的土壤 pH 为 5.5～6.5。肥东县蔬菜地 pH 范围为 3.90～7.90，有 60%处于 5.5 以下，土壤酸化较为严重。针对以上存在的两种问题的出现，多数由于现如今农民种菜高度依赖化肥，而传统有机肥的施用较少，因此建议重视和增加有机肥的施用，且有机肥施用需进行充分腐熟后，加大实行秸秆还田力度，对酸性土壤应施用适量的石灰改变其酸化情况[16]，科学指导全县蔬菜地的化肥使用，把用土与养土结合起来，实现全县蔬菜地资源的可持续利用。

针对肥东县蔬菜地各等级情况来说，一等蔬菜地至三等蔬菜地是肥东县蔬菜地质量较优的土壤，分布区域主要是中南部的波状平原和滨湖平原，地形起伏较小，土层深厚，所处区域的各项评价指标均相对较好，土壤肥沃，具备满足蔬菜生长条件的灌溉和排水条件。政府部门一方面应进行科学管理，实行蔬菜地养护，调整肥料的投入，增施有机肥，推行秸秆还田，做到用养结合[17]。另一方面应提高人民群众对蔬菜地的保护意识，使高质量蔬菜地能最大限度利用起来。

四等蔬菜地至七等蔬菜地分布区域主要是平原、岗地及丘陵区域，分布区域地形有一定的起伏，土层较深厚，灌排条件较好，土壤养分处于中等水平，适合蔬菜的生长。蔬菜地的合理利用应做到科学施肥，有机肥与化肥合理配施，基肥深施，追肥实现水肥一体化，并因地制宜合理轮作，确保轮作计划的合理性和科学性[18]，可以在具体种植过程中根据蔬菜的特性来进行交替种植，确保土壤养分能够得到合理利用，可以防治或减轻病害，减少土传病发生[19]。

八等蔬菜地至十等蔬菜地分布区域主要是冲田以及低洼田，地形起伏度较大，总体上来说蔬菜地的可耕性较差，水利设施条件落后，有些区域有轻度水土流失，土壤耕层较浅，养分含量普遍偏低，产量水平低。改良利用主要做到以下几点：首先要完善农田水利设施建设，梳理沟渠，改善灌排条件；其次采取深耕培土，加强蔬菜地的耕种管理，平整地面以减少地表径流防止水土流失，改善耕层相对较薄的情况，逐步加深耕作层以提高土壤蓄水保肥能力[20]。

（三）蔬菜地可持续利用对策建议

1. 配套水利设施，实施水肥一体化。针对蔬菜基地地势低洼，土壤排水性较差，土壤盐渍化情况较为严重等问题，则需要采用高畦深沟进行种植，将畦沟、腰沟及围沟进行有效的配套，从而做到排灌自如，提高蔬菜基地的防旱排涝能力，确保蔬菜能够正常生长。而对于水源不足及地势较高的蔬菜基地，则可以利用节水灌溉技术来有效提高水的利用率，确保蔬菜能够健康的生长。完善水利设施建设，实现沟渠配套，实施水肥一体化。

2. 增施有机肥，深翻熟化改土。利用每茬蔬菜种植间隔时间进行深耕，如是套作不能用牛犁、机械等深耕的，也可人工深耕，深翻熟化改土，加厚热土层，增强土壤蓄水保肥能力[21]，有利于蔬菜生长。施用有机肥后，结合深翻，土壤经过微生物的作用，形成一种可改善土壤团粒结构的有机胶体腐殖质，增强了土壤透气性和保水保肥蓄热能力[22]，缓解土壤盐渍化，促进蔬菜根系生长，提高蔬菜抗病抗灾能力，改善蔬菜品质和口感。

3. 轮作换茬，轮换种植。一块地里年年季季种一种蔬菜品种，容易导致土传病害等的发生，以及蔬菜品质的下降。为避免重茬带来的一系列问题，不同蔬菜品种可进行轮作换茬，如瓜类与葱类轮作，可减少病虫害发生，减轻毒素的毒害作用，而且葱蒜可大量吸收瓜类吸收量小的养分元素，充分利用土壤肥力。对于种植蔬菜时间较长导致土壤恶化程度较严重的问题蔬菜地，要及时与非蔬菜类作物等进行轮换种植。通过轮换种植可以有效地改善恶化的土壤，提高耕地经济和社会效益。

4. 午季闷棚，冬季休闲。蔬菜地种植可以把握季节，适时适地开展闷棚与休闲，消灭病虫源，种养结合，恢复蔬菜地质量。

第二部分

肥东县耕地质量提升关键技术研究

第四章　有机肥替代化肥技术

化肥有机肥配施对作物生长和土壤养分的影响一直是国内外研究的热点。有机肥或化肥有机肥配合施用可以有效改善土壤氮、磷、钾等养分的平衡状况，改良土壤理化性状，增加土壤有机质含量和养分的有效性，从而降低化肥损失率，提高土壤肥力和生态系统的生产力。但由于有机肥的生产、使用和有关配套技术滞后及农民培肥土地的积极性不高、农业废弃物的质量下降等原因，有机肥施用的比例持续降低。为了保障粮食安全和农业生产的可持续发展，国家非常重视通过有机肥的利用来改善土壤质量，将畜禽粪污资源化利用、果菜茶有机肥替代化肥和东北地区秸秆处理纳入农业绿色发展五大行动中，为有机肥替代化肥技术的发展创造了有利条件。

第一节　有机肥替代化肥与农业绿色发展

一、我国的农业绿色发展

（一）农业绿色发展的概念

绿色发展是五大发展理念的重要内容，包括生产方式的绿色化和生活方式的绿色化，要体现在生活中，体现在任务部署中，体现在重大项目设计、建设过程中。加强生态文明建设，强调形成资源节约型、环境友好型社会的空间格局。农业绿色发展具有“绿色”和“发展”双重目的性，观念、产业、人才、科技和品牌是农业绿色发展的必要条件。绿色农业不是传统农业的回归，也不是对生态农业、有机农业、自然农业等各种类型农业的否定，而是避免各类农业种种弊端，取长补短，内涵丰富的一种新型农业。

（二）农业绿色发展的内涵

基本形成与资源环境承载力相匹配、与生产生活生态相协调的农业发展格局，努力实现耕地数量不减少、耕地质量不下降、地下水不超采，化肥、农药使用量零增长，秸秆、畜禽粪污、农膜全利用，实现农业可持续发展、农民生活更加富裕、乡村更加美丽宜居。

基本特征：资源利用更加节约高效。

内在属性：产地环境更加清洁。

根本要求：生态系统更加稳定。

重要目标：绿色供给能力明显提升。

（三）中国农业绿色发展政策演变

1. 起步阶段：目标模糊、缺少有效行动。20世纪80～90年代，农业面源污染在整体排放中所占比重逐渐上升，但管理重点还在工业源治理，农业面源污染只是在大方向提出治理目标，缺少具体有针对性政策行动。

2. 问题显现阶段：针对单个领域采取一些行动。从20世纪90年代至进入21世纪，农业农村环境问题开始集中出现，点源污染和面源污染共存，农业环保政策只专注于农业面源污染防治、畜禽养殖污染防治、美丽乡村建设等方面。

3. 加速阶段：抓住主要矛盾开展集中攻坚。21世纪以来，化肥农药使用量大、强度高、使用方法不科学，不仅增加成本、浪费资源，也造成地力下降、农产品超标，影响农业生产安全、农产品质量安全和生态环境安全，威胁农业可持续发展。规模化畜禽养殖业成为农业面源最大排放源。2014年，修订《中华人民共和国环境保护法》，对农业农村污染问题重视程度显著提高；《畜禽规模养殖污染防治条例》生效；中央农村工作会议提出农业面源污染治理“一控两减三基本”。

4. 战略提升阶段：发展理念全面提升。2015年，粮食生产“十二连增”，农民收入增长“十二连快”，确保“谷物基本自给，口粮绝对安全”粮食安全目标，同时，进入生产成本地板抬升、农产品价格天花板挤压、资源环境约束加剧新时期。全面构建农业环境质量体系，实现农业绿色发展成为实现农业现代化的内在要求，是生态文明建设的主要组成部分。2015年《全国农业可持续发展规划（2015—2030年）》强调资源环境的可持续利用和保护。2018年乡村振兴战略将农业农村可持续发展理念进一步提升：农业农村现代化，不仅需要城乡均衡发展，更是农业农村经济、环境、生态、人文等各个领域均衡可持续发展。

二、安徽省农业绿色发展优劣势及提升方向

（一）优势

1. 安徽省拥有充足的土地资源和劳动力资源，农业绿色发展潜力大。旅游资源丰富，可以将旅游业和绿色农业进行协同发展。

2. 绿色食品工作机构基本建立，绿色农业经营规模不断扩大，出现了形式多样的绿色农业产业化经营模式，绿色农产品的营销网络发展较快。

（二）劣势

1. 经济总量小，城市总体实力不强，区域发展不平衡，阻碍了农业绿色发展。

2. 绿色农业产业整体水平较低，人们对绿色农业的内涵认识不足，缺少龙头企业的带动。

3. 农产品安全质量检测体系和农业环境质量保护体系仍不完善，信息服务不到位，科技服务体系不健全。

（三）提升方向

现阶段安徽省需加快调减农药化肥施用强度，并逐步加强自然保护区建设。

三、农业绿色发展五大行动

（一）畜禽粪污资源化利用行动

坚持保供给与保环境并重，坚持政府支持、企业主体、市场化运作方针，以畜牧大县和规模养殖场为重点，加快构建种养结合、农牧循环的可持续发展新格局。在畜牧大县开展畜禽粪污资源化利用试点，组织实施种养结合一体化项目，集成推广畜禽粪污资源化利用技术模式，支持养殖场和第三方市场主体改造升级处理设施，提升畜禽粪污处理能力。建设畜禽规模化养殖场信息直联直报平台，完善绩效评价考核制度，压实地方政府责任。力争到 2020 年基本解决大规模畜禽养殖场粪污处理和资源化问题。

（二）果菜茶有机肥替代化肥行动

以发展生态循环农业、促进果菜茶质量效益提升为目标，以果菜茶优势产区、核心产区、知名品牌生产基地为重点，大力推广有机肥替代化肥技术，加快推进畜禽养殖废弃物及农作物秸秆资源化利用，实现节本增效、提质增效。2017 年选择 100 个果菜茶重点县（市、区）开展示范，支持引导农民和新型经营主体积造和施用有机肥，因地制宜推广符合生产实际的有机肥利用方式[23]，采取政府购买服务等方式培育有机肥统供统施服务主体，吸引社会力量参与，集成一批可复制、可推广、可持续的生产运营模式。围绕优势产区、核心产区，集中打造一批有机肥替代、绿色优质农产品生产基地（园区），发挥示范效应。强化耕地质量监测，建立目标考核机制，科学评价试点示范成果。力争到 2020 年，果菜茶优势产区化肥用量减少 20%以上，果菜茶核心产区和知名品牌生产基地（园区）化肥用量减少 50%以上。

（三）东北地区秸秆处理行动

坚持因地制宜、农用优先、就地就近、政府引导、市场运作、科技支撑，以玉米秸秆处理利用为重点，以提高秸秆综合利用率和黑土地保护为目标，大力推进秸秆肥料化、饲料化、燃料化、原料化、基料化利用，加强新技术、新工艺和新装备研发，加快建立产业化利用机制，不断提升秸秆综合利用水平。在东北地区的 60 个玉米主产县率先开展秸秆综合利用试点，积极推广深翻还田、秸秆饲料无害防腐和零污染焚烧供热等技术，推动出台秸秆还田、收储运、加工利用等补贴政策，激发市场主体活力，构建市场化运营机制，探索综合利用模式。力争到2020年，东北地区秸秆综合利用率达到80%以上，杜绝露天焚烧现象。

（四）农膜回收行动

以西北为重点区域，以棉花、玉米、马铃薯为重点作物，以加厚地膜应用、机械化捡拾、专业化回收、资源化利用为主攻方向，连片实施，整县推进，综合治理。在甘肃、新疆、内蒙古等地区建设100个治理示范县，全面推广使用加厚地膜，推进减量替代；推动建立以旧换新、经营主体上交、专业化组织回收、加工企业回收等多种方式的回收利用机制，试点“谁生产、谁回收”的地膜生产者责任延伸制度；完善农田残留地膜污染监测网络，探索将地面回收率和残留状况纳入农业面源污染综合考核。力争到2020年，农膜回收率达80%以上，农田“白色污染”得到有效控制。

（五）以长江为重点的水生生物保护行动

坚持生态优先、绿色发展、减量增收、减船转产，逐步推进长江流域全面禁捕，率先在水生生物保护区实现禁捕，修复沿江近海渔业生态环境。加大资金投入，引导和支持渔民转产转业，将渔船控制目标列入地方政府和有关部门约束性考核指标，到2020年全国压减海洋捕捞机动渔船2万艘、功率150万kW。开展水产健康养殖示范创建，推进海洋牧场建设，推动水产养殖减量增效。强化海洋渔业资源总量管理，完善休渔禁渔制度，联合有关部门开展海洋伏季休渔等专项执法行动，继续清理整治“绝户网”和涉渔“三无”船舶。实施珍稀濒危物种拯救行动，加强水生生物栖息地保护，完善保护区功能体系，提升重点物种保护等级，加快建立长江珍稀特有物种基因保存库。力争到2020年，长江流域水生生物资源衰退、水域生态环境恶化和水生生物多样性下降的趋势得到有效遏制，水生生物资源得到恢复性增长，实现海洋捕捞总产量与海洋渔业资源总承载能力相协调。

第二节　有机肥替代化肥技术模式与实证

一、肥东县有机肥替代主要模式

（一）“沤肥＋配方肥”模式

沤肥是我国传统的有机肥，是指以植物性材料为主添加促进有机物分解的物质在淹水的嫌气条件下沤制而成的有机肥料，是草塘泥、窖肥等的总称。畜粪和农村各种有机物都是耕地的宝贵资源，我们应科学、合理地充分利用这些原料，积造出更好的有机肥料，生产出更多、更好的农产品。沤制材料与方法大体相同，都是以秸秆、杂草、落叶、绿肥、稻草和生活垃圾为原材料，混入一定量的人粪尿、厩肥、河塘泥等，在坑中淹水沤制而成。主要技术措施就是调整好碳氮比，一般把碳氮比调整为 30∶1。各种造肥原料中碳、氮的含量不同，其中畜粪含氮较多，作物秸秆含碳较多，因此畜粪发酵要加入一定量的秸秆，才能很好地发酵。人、畜粪中的氮含量较高，碳氮比较小，其中禽粪含氮最高；秸秆含碳多，碳氮比较大。各种造肥原料按重量计算，即每吨人、畜粪中加入多少吨秸秆，例如混合秸秆的碳氮比按 80∶1 计算，则每吨人粪尿可大致加入秸秆 0.44 t，猪粪加入 0.4 t，羊粪加入 0.35 t，马粪加入 0.33 t，牛粪加入 0.17 t。

（二）"绿肥还田＋配方肥"模式

绿肥还田有利于土壤中有机碳、有机氮的矿化以及磷钾营养的释放、土壤中原有机质的矿化，从而提高土壤微生物及土壤酶类的活性，对改良低产土壤、修复荒坡废地、改善生态环境等具有重要意义。我国绿肥种类繁多，应用模式多样，但目前种植面积小，利用率较低。

2018 年，肥东县推广种植绿肥 160 hm^2，并在第二年将种植绿肥对土壤养分含量的影响进行了分析（表 4－1），结果表明除缓效钾和 pH 比对照低外，绿肥地其他土壤养分含量都高于对照耕地。

表 4－1　种植绿肥对耕地土壤养分的影响

类型	pH	有机质 (g/kg)	全氮 (g/kg)	速效钾 (mg/kg)	缓效钾 (mg/kg)	全钾 (g/kg)	有效磷 (mg/kg)	全磷 (g/kg)
绿肥	6.0	23.57	1.44	140	410	18.7	16.3	0.562
对照	6.2	19.12	1.21	133	453	13.4	12.7	0.380

（三）"秸秆还田＋腐熟剂＋配方肥"模式

秸秆还田是当今世界上普遍重视的一项培肥地力的增产措施，有效地解决了农村秸秆利用问题，在杜绝了秸秆焚烧所造成的大气污染的同时还有增肥增产作用。秸秆还田能增加土壤有机质，改良土壤结构，使土壤疏松，孔隙度增加，容量减轻，促进微生物活力和作物根系的发育[23]。但目前配套的农机设备还不完善，对作物播种和出苗有一定影响。方法不当，还会产生土壤病菌增加、作物病害加重等不良现象。腐熟剂的应用有效缓解了这些问题，使该模式的应用更加广泛。

（四）"商品有机肥＋配方肥"模式

商品有机肥具有洁净性和完熟性两大特点。其在制作过程中通过微生物完全发酵，使有机物质充分分解，成为直接形成团粒结构的腐殖质，产生的氨基酸和有益代谢产物也得以保留。另外，市场上商品有机肥种类很多，可以针对不同的土壤状况使用不同养分含量和不同功能的产品。

（五）“有机无机复混肥＋配方肥”模式

有机无机复混肥是以人们在生产和生活过程中产生的有机废弃物为原料，经过一定处理之后，按一定的标准配比加入无机化肥，充分混匀并经过造粒等流程生产而成。它综合了化肥和有机肥的优点，肥料利用率高，养分供应平衡。

（六）“畜禽粪便—沼液”模式

1. 处理工艺。畜禽粪便主要指畜禽养殖业中产生的一类农村固体废物，包括猪粪、牛粪、羊粪、鸡粪、鸭粪等。畜禽粪便一直被人们当作土壤肥料的重要来源。据 1976 年统计显示，那时我国农业生产 1/3 以上的肥料是由动物粪便提供的。动物排泄物中含有丰富的有机物和氮、磷、钾等养分，同时也能供给作物所需的钙、镁、硫等多种矿物质及微量元素，满足作物生长过程中对多种养分的需要。随着我国畜牧业的快速发展，畜禽养殖已向区域化、集约化方向发展。畜禽饲养规模不断扩大，畜禽粪便的产生量不断增加，需要安全合理地利用畜禽粪便这一有机肥资源，减少面源污染。沼气工程的建设是推动生态农业发展的一种有效途径，它不仅使农村的废弃物得到利用，而且解决了农村环境污染问题。沼气工程产生的沼液肥含有大量的微量元素、微生物、氨基酸、酶类和维生素，可有效抑制土壤病原菌繁殖，降低土传病害发生，改善土壤理化性状，有利于农业生产。同时沼液肥具有容易被吸收的特点，可用于追肥和叶面肥，在生态农业中的应用越来越广泛。沼液生产的工艺流程如图 4－1 所示。

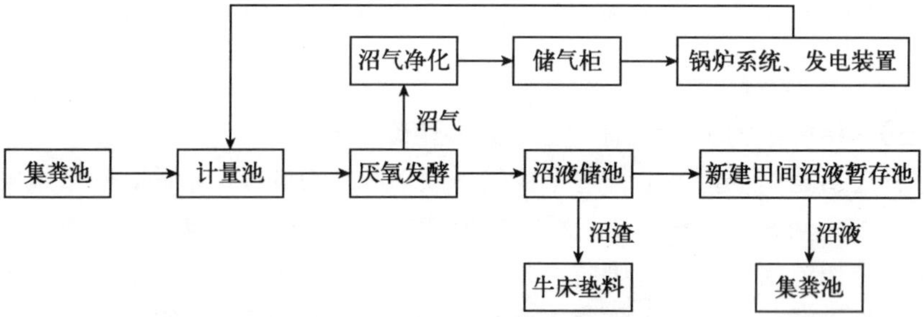

图 4－1　畜禽粪便处理工艺流程图

2. 利用方式。粪便和粪污进入现有沼气工程，处理后产生的沼液（测试沼液中 N、P_2O_5、K_2O 平均含量分别为 0.63％、0.12％和 1.54％）用于浇灌项目区的农田；产生的沼气一部分作为清洁能源为养殖场自用，剩下的全部用于发电，发电用于满足养殖场的部分用电需求；沼渣烘干后作为养殖场牛床垫料循环使用。

3. 沼液施用方法。基肥：施用于大田作物时主要是条施，结合犁地开沟，将肥料按条状集中施于作物播种行内。根外追肥：在作物生育期间，采用叶面喷施等方法，迅速补充营养，满足作物生长发育的需要[24]。

4. 施用缓冲带设置。在农田和水源之间建设生态缓冲带，利用缓冲带植物的吸附和分解作用，拦截农田氮、磷等营养物质进入水源，同时，缓冲区有助于阻止附近地区（耕地及养殖场）的径流污染物，对水土保持、减少土壤侵蚀量也有重要作用。缓冲带的宽度应视污染源的强弱、远近、风向等因素而定。缓冲带可以是一片耕地、一条沟、一片丛林或树林，也可以是一片荒地或草地等。缓冲带也可以是物理障碍物，可以是一堵墙、一个陡坎、一个大棚或一座建筑物等。总之要能有效地起到隔离作用。

（七）“有机肥＋水肥一体化”模式

水肥一体化技术是将灌溉与施肥融为一体的农业新技术。该技术借助压力灌溉系统，将可溶性固体肥料或液体肥料配兑而成的肥液与灌溉水一起，均匀、准确地输送到作物根部土壤，采用灌溉施肥技术，可按作物生长需求进行全生育需求设计，把水分与养分定时定量按比例直接提供给作物[25]。压力灌溉有喷灌、滴灌等形式，目前以滴灌、微喷与施肥的结合居多。

“有机肥＋水肥一体化”模式是以有机肥作为底肥，在根据作物的生长需求，利用水肥一体化技术进行实时实地施肥。该模式具有培肥土壤、节水节肥、作物高效吸收以及减少环境污染等优点，但成本较高，目前应用较少。

二、有机肥替代化肥技术实证

（一）2015 年小麦商品有机肥肥效试验

1. 供试肥料。配方肥（N∶P∶K＝20∶10∶10），尿素（N≥46%），生物活性有机肥料（总养分≥5%，有机质≥45%，以烘干基计）。

2. 供试地点。试验安排在石塘镇阚东村承包大户洪兴强承包田内，位于北纬 31°54′35″，东经 117°37′13″。交通方便，肥力中等均匀。前茬为水稻，产量 9 000 kg/hm²，施肥量 45%配方肥（N∶P∶K＝23∶10∶12）525 kg/hm²，尿素 150 kg/hm²。

3. 供试土壤。土壤基本理化性状为有机质 25.70 g/kg、全氮 1.47 g/kg、有效磷 16.5 mg/kg、有效钾 165 mg/kg。

4. 处理设置。试验设置 5 个处理，3 次重复，采用随机排列，每小区面积为 30 m²。具体如下：

处理 1（对照）：基肥施配方肥（N∶P∶K＝20∶10∶10）600 kg/hm²，出苗后 20 d 左右追尿素 75 kg/hm²，拔节孕穗期追尿素 75 kg/hm²。

处理 2：增施商品有机肥 750 kg/hm²，其他施肥同处理 1。

处理 3：增施商品有机肥 750 kg/hm²，处理 1 中的肥料施用量减少 15%。

处理 4：增施商品有机肥 750 kg/hm²，处理 1 中的肥料施用量减少 25%。

处理 5：增施商品有机肥 750 kg/hm²，处理 1 中的肥料施用量减少 35%。

5. 不同施肥处理对小麦植株主要性状特性的影响。从表 4-2 可以看出，在株高、有效穗、穗粒数等性状上，处理 3 分别为 75.1 cm、306 万穗/ hm²、52 粒/穗，表现均好于其他处理；处理 5 表现最差，株高为 73.0 cm，有效穗为 262 万穗/ hm²，每穗实粒数为 49 粒/穗。各处理千粒重相差不多。

表 4-2　不同处理产量结构及性状表

处理	基本苗（万/hm²）	株高（cm）	产量结构			理论产量（kg/hm²）
			有效穗（万穗/ hm²）	每穗实粒数（粒/穗）	千粒重（g）	
1	170	73.9	300	51	39.0	5 967
2	174	74.6	303	52	39.0	6 145
3	176	75.1	306	52	39.0	6 206
4	166	73.5	274	50	38.8	5 316
5	164	73.0	262	49	38.7	4 968

6. 不同施肥处理对小麦产量的影响。从表 4-3 可以看出，不同处理的产量差别，其中处理 3 最高，为 4 840 kg/hm²，比处理 1（对照区）增产 200 kg/hm²，增幅为 4.3%，比处理 2 增产 108 kg/hm²，增幅为 2.3%；其次是处理 2，产量为4 732 kg/hm²，比处理 1（对照区）增产 92 kg/hm²，增幅为 1.9%；处理 5 最低，为 4 079 kg/hm²，比处理 1（对照区）减产 561 kg/hm²，比处理 2 减产 654 kg/hm²。

表 4-3　各处理的作物产量分析表

处理	产量（kg/hm²）	比处理 1		比处理 2	
		增产（kg/hm²）	增幅（%）	增产（kg/hm²）	增幅（%）
1	4 640	—	—	−92	−1.9
2	4 732	92	1.9	—	—
3	4 840	200	4.3	108	2.3
4	4 200	−440	−9.5	−532	−11.3
5	4 079	−561	−12.1	−654	−13.8

7. 经济效益分析。从表 4-4 可以看出，处理 3 产量纯收益最高，比处理 1 增加 972 元/ hm²，比处理 2 增加 543 元/ hm²；处理 5 纯收益最低，为 6 534 元/ hm²。

表 4-4　田间试验经济效益分析表

处理	产量（kg/hm²）	每公顷产值（元）	肥料投入（元/ hm²）	纯收益（元/ hm²）	产投比
1	4 640	9 279	2 190	7 089	4.2
2	4 732	9 465	1 947	7 518	4.9
3	4 840	9 681	1 620	8 061	6.0
4	4 200	8 400	1 785	6 615	4.7
5	4 079	8 157	1 623	6 534	5.0

8. 结论。增施商品有机肥 750 kg/hm²，对小麦作物有明显的增产作用，能替代复合肥 40%（N∶P∶K=20∶10∶10）80 kg/hm² 和尿素 22.5 kg/hm²。值得在小麦作物上推广使用，实现化肥减量增效。

（二）2016 年小麦有机无机复混肥肥效试验

1. 供试肥料。42%有机无机复混肥（N∶P∶K=20∶10∶12，有机质≥15%）、配方肥 40%（N∶P∶K=20∶10∶10）、氯化钾（60%）、普通尿素（46%）。

2. 供试地点。试验田位于店埠镇陂塘村（东经 117°33′28.7″，北纬 31°50′43.3″），地块平整，地力均匀，排灌方便，具有代表性、典型性和示范展示作用的地块。上茬作物为中籼稻，产量 10 125 kg/hm²。

3. 供试土壤。该试验田土壤类型属水稻土类，瘦马肝土种；pH 为 6.1，有机质 25.9 g/kg、全氮 1.29 g/kg、有效磷 14.53 mg/kg、速效钾 119 mg/kg。

4. 试验设计。本次试验共设置 6 个处理，3 次重复，随机区组排列，每个小区面积 30 m²。

处理 1：空白对照区。

处理 2：基施 40%配方肥（N∶P∶K=20∶10∶10）450 kg/hm²+氯化钾 15 kg/hm²，苗期追尿素 75 kg/hm²，拔节孕穗期追尿素 75 kg/hm²。

处理 3：基施 42%有机无机复混肥（N∶P∶K=20∶10∶12）225 kg/hm²，苗期追尿素 75 kg/hm²，拔节孕穗期追尿素 75 kg/hm²。

处理 4：基施 42%有机无机复混肥（N∶P∶K=20∶10∶12）450 kg/hm²，苗期追尿素 75 kg/hm²，拔节孕穗期追尿素 75 kg/hm²。

处理 5：基施 42%有机无机复混肥（N∶P∶K=20∶10∶12）600 kg/hm²，苗期追尿素 75 kg/hm²，拔节孕穗期追尿素 75 kg/hm²。

处理 6：基施 42%有机无机复混肥（N∶P∶K=20∶10∶12）750 kg/hm²，苗期追尿素 75 kg/hm²，拔节孕穗期追尿素 75 kg/hm²。

5. 不同处理对小麦产量构成要素的影响。从表 4-5 可以看出，处理 5 比处理1每公顷增有效穗170万穗，穗粒数增加12粒，千粒重增加4.5 g，产量增加3 986 kg；处理5比处理2每公顷增有效穗10万穗，穗粒数增加1粒，千粒重增加1.7 g，产量增加587 kg；处理5、6相当。表明有机无机增加用量，促进早分蘖、成大穗，穗数、穗粒数及千粒重增加，提高产量。当无机有机增加用量到40 kg以上，产量不会增加，而用肥成本加大。

表4-5 不同处理小麦产量结构及性状表

处理	株高（cm）	穗长（cm）	穗数（万穗/ hm^2）	穗粒数（粒）	千粒重（g）	理论产量（kg/hm^2）
1	63.8	6.2	342	21	33.2	2 384
2	82.3	7.9	502	32	36.0	5 783
3	78.8	7.0	480	28	34.9	4 691
4	78.3	8.0	506	32	36.4	5 894
5	81.8	8.1	512	33	37.7	6 370
6	80.6	8.1	522	32	37.5	6 244

6. 不同施肥处理对小麦产量的影响。从表4-6可以看出，处理5产量最高，约5 436 kg/hm^2，较处理1增产率167.3%，较处理2增产率10.1%；处理6次之，为5 302 kg/hm^2，较处理1增产率160.7%，较处理2增产率7.4%，其他处理的产量从高到低依次为处理4>处理2>处理3>处理1。

表4-6 各处理产量分析表

处理	产量（kg/hm^2）	比处理1		比处理2	
		增产（kg/hm^2）	增幅（%）	增产（kg/hm^2）	增幅（%）
1	2 034	—	—	−2 902	−58.8
2	4 936	2 902	142.7	—	—
3	3 936	1 902	93.5	1 000	−20.3
4	5 068	3 034	149.2	132	2.7
5	5 436	3 402	167.3	500	10.1
6	5 302	3 268	160.7	366	7.4

7. 经济效益分析。从表4-7可以看出，本试验纯收益最高是处理5，为9 462元/hm^2，比处理1增加5 068元/hm^2，比处理2增加238元/hm^2；处理2纯收益次之，比处理1增加4 830元/hm^2；处理3纯收益最低，为7 460元/ hm^2。产投比以处理3为最高，为8.2，处理6最低为4.1。

表 4-7 经济效益分析

处理	肥料投入（元/hm^2）	产值（元/hm^2）	纯收益（元/hm^2）	产投比	纯收益增加	
					与处理 1 比	与处理 2 比
1	—	4 394	4 394	—	—	−4 830
2	1 440	10 664	9 224	7.4	4 830	—
3	1 042.5	8 502	7 460	8.2	3 066	−1 764
4	1 785	10 948	9 164	6.1	4 770	−60
5	2 280	11 742	9 462	5.2	5 068	238
6	2 775	11 454	8 679	4.1	4 285	−544

注：有机无机复混肥按 3.30 元/kg 计算，尿素按 2.00 元/kg 计算，40%配方肥按 2.40 元/kg 计算，氯化钾按 4.00 元/kg 计算，小麦价格按 2.16 元/kg 计算。

8. 结论。施用机无机复混肥对小麦前期有促分蘖、壮苗，后期有增加有效穗、穗粒数和千粒重等作用；该地区的小麦基施有机无机复混肥 42%（N∶P∶K=20∶10∶12）600 kg/hm^2，苗期追尿素 75 kg/hm^2，拔节孕穗期追尿素 75 kg/hm^2，产量最高，纯收益最高，因此建议在该地区可以推广施用该施肥方案。

（三）紫云英还田—水稻机插秧栽培

1. 紫云英品种选择。选择优良品种，如弋江籽、皖紫 1 号等，在播种前应晒种 4～5 h，晒种后磨种，以提高种子吸水度和发芽率。

2. 适时适量播种。紫云英一般在 9 月下旬至 10 月上旬播种，最迟不超过 10 月15 日播种。最佳播种方式为水稻收获后 5～7 d 播种，水稻收割时高留茬，同时避免稻草成堆，播种时做到落子均匀，可按畦称种，一般用种量为 22～30 kg/hm^2。

3. 开沟排水。紫云英生长期间既怕渍又怕旱。因此，在水稻收割后，要开好横沟、纵沟以及田边的围沟，做到沟沟相通，排灌自如，保持田面湿润而不积水，以利全苗、壮苗。

4. 科学施肥。紫云英种植前每公顷用 75 kg 钙镁磷肥和专用根瘤菌拌种，在水稻收割后每公顷用过磷酸钙或钙镁磷肥 150 kg，均匀撒施加速幼苗生长，开春后应施足春肥，每公顷用尿素 45 kg、氯化钾 60 kg 撒施，可以达到“以小肥换大肥、用无机肥换有机肥”的目的。

5. 适期培育水稻秧苗。水稻机插秧首先要配置有机质含量高、土质疏松、肥力中上等的营养土，每公顷大田需备 1 500 kg 营养土，另配 300 kg 盖籽素土，一般厚度 2～3 mm，以不让种子外露为宜。播前种子要经晒种、精选、消毒、浸种等处理，适期适量播种，每公顷用种量为 22～45 kg，根据品种不同、播种时期不同用种量也不同。

6. 翻耕整地。紫云英一般以盛花期翻犁较为适宜，每公顷压青量以15 000～22 500 kg为宜，同时施入75～112 kg尿素，加速紫云英腐解。整地质量要达到大田表面平整、田内干净无残茬，土壤干净无残茬，土壤软硬适中。

7. 适时机械插秧。协调农机与农艺相适应，以旱育壮秧技术为主体，培育适龄机插壮秧，壮秧一般要求秧龄（21±4）d。

8. 科学水肥运筹。施肥方法同上，基肥采取先施肥，后翻耕。紫云英翻压还田后，氮肥前移，后期看苗情调控，水稻生育期化肥减量10%，机插前要沉淀泥浆，薄皮水插秧，栽后薄水护苗，5～7 d轻晾露田，促扎根立苗，浅水湿润间隙灌溉促早发。

9. 防治病虫草害。在机插秧后5～7 d进行草害封闭处理。同时根据病虫发生规律，重点抓住水稻秧田期和大田破口期两个关键生育阶段，在综合防治的前提下，实行多种病虫的总体化学防治。

10. 效益分析。紫云英翻入土壤后，在微生物的作用下，不断分解，增加土壤氮、磷、钾养分含量，提高土壤有机质，增强土壤保水保肥能力，调节水、肥、气、热，有利于作物生长。每千克绿肥鲜草，一般可供出氮素6.3 kg、磷素1.3 kg、钾素5 kg，相当于13.7 kg尿素、6 kg过磷酸钙和10 kg硫酸钾。因此，紫云英还田后，水稻作物减少化肥用量10%，提高产量10%。另外，近几年冬季闲田逐渐增加，紫云英—水稻栽培还田技术模式填补了单季稻区绿肥翻压与水稻栽插茬口空挡，构建了单季稻区稻田有机投入物养分高效利用技术体系，实现耕地种养结合，有很好的推广前景。

第五章　秸秆全量腐熟还田技术

肥东县农作物秸秆资源十分丰富，每年全县农作物秸秆量约 100 万 t。随着社会的进步，一家一户用作燃料的农作物秸秆量大幅度下降，农作物秸秆大量富余。农民为了抢农时图省事，焚烧秸秆的行为应运而生。大量的秸秆资源被焚烧，不仅造成了宝贵的有机资源浪费，同时造成严重的大气环境污染。秸秆还田是传统农业生产中的重要组成部分，是当前秸秆资源利用最便捷有效的途径，在农业可持续发展、净化环境、提高耕地质量和土壤肥力等方面发挥着重要作用。在诸多秸秆还田技术中，由于添加秸秆腐熟菌剂成本低，操作简单，能迅速腐解土壤中秸秆，成为秸秆还田技术的研究热点。

第一节　秸秆腐熟剂品种筛选

一、秸秆腐熟剂筛选试验开展情况

（一）2010 年品种筛选试验

2010 年参加筛选试验的秸秆腐熟剂品种共有 9 种（表 5－1）。通过田间试验得出，最适宜肥东县的腐熟剂品种为武汉太阳雨三农科技有限责任公司提供的有机物料腐熟剂。

表 5－1　肥东县 2010 年筛选腐熟剂品种

序号	参试秸秆腐熟剂产品商品名	秸秆腐熟剂生产企业
1	有机物料腐熟剂	武汉合缘绿色生物股份有限公司
2	有机物料腐熟剂	武汉太阳雨三农科技有限责任公司
3	生物有机肥发酵菌剂	上海联业生物技术有限公司
4	HM（菌种）腐熟剂	河南省恒隆态生物工程股份有限公司
5	有机废物发酵菌曲	北京市京圃园生物工程有限公司
6	酵素菌速腐剂	淮安大华生物制品厂
7	腐杆剂	佛山金葵子植物营养有限公司
8	有机物料腐熟剂	济宁三环化工有限公司
9	生物菌扩培剂	扬州博轩生物科技有限公司

（二）2011 年品种筛选试验

2011 年参加筛选试验的秸秆腐熟剂品种共有 4 种（表 5-2）。通过施用不同腐熟剂品种处理间相互比较，淮安大华生物科技有限公司酵素菌速腐剂带来的效益略高于其他腐速剂品种带来的效益。

表 5-2　肥东县 2011 年筛选腐熟剂品种

序号	参试秸秆腐熟剂产品商品名	秸秆腐熟剂生产企业
1	酵素菌速腐剂	淮安大华生物科技有限公司
2	有机物料腐熟剂	南京宁粮生物工程有限公司
3	微生物菌剂	北京可力美施生物科技有限公司
4	生物发酵剂	北京世纪阿姆斯生物技术有限公司

（三）2012 年品种筛选试验

2012 年参加筛选试验的秸秆腐熟剂品种共有 6 种（表 5-3）。通过施用不同腐熟剂品种处理间相互比较，北京中龙创科技有限公司生物发酵剂带来的效益略高于其他腐速剂品种带来的效益。

表 5-3　肥东县 2012 年筛选腐熟剂品种

序号	参试秸秆腐熟剂产品商品名	秸秆腐熟剂生产企业
1	生物发酵剂	北京中龙创科技有限公司
2	生物秸秆腐熟剂	武汉施瑞福生物技术有限公司
3	BM 菌剂	河南宝融生物科技有限公司
4	微生物腐熟剂	湖北凤池实业有限公司
5	豫园牌有机物料腐熟剂	湖南豫园生物科技有限公司
6	九业牌秸秆腐熟剂	湖南泰谷生物科技有限责任公司

（四）2013 年品种筛选试验

2013 年参加筛选试验的秸秆腐熟剂品种共有 6 种（表 5-4）。通过施用不同腐熟剂品种处理间相互比较，湖南豫园生物科技有限公司有机物料腐熟剂带来的效益略高于其他腐速剂品种带来的效益。

表 5-4　肥东县 2013 年筛选腐熟剂品种

序号	参试秸秆腐熟剂产品商品名	秸秆腐熟剂生产企业
1	豫园牌有机物料腐熟剂	湖南豫园生物科技有限公司
2	微生物菌剂	江苏天象生物科技有限公司
3	元骏牌秸秆腐熟剂	成都华隆生物科技有限公司

（续）

序号	参试秸秆腐熟剂产品商品名	秸秆腐熟剂生产企业
4	CM 腐熟剂	山东亿安生物工程有限公司
5	微生物发酵菌剂	广西鸿生源环保科技有限公司
6	VT 有机物料腐熟剂	北京沃土天地生物科技有限公司

（五）2014 年品种筛选试验

2014 年参加筛选试验的秸秆腐熟剂品种共有 6 种（表 5－5）。通过在店埠镇、石塘镇开展的秸秆腐熟剂筛选试验和大田示范试验结果分析，不同厂家的秸秆腐熟剂产品在稻田应用，与不同秸秆腐熟剂的对照比较，所提供的秸秆腐熟剂有一定的加速腐熟效果，适宜在肥东县应用。根据 2 个试验点 6 种秸秆腐熟剂产品的试验结果统计，北京中龙创科技有限公司生物发酵剂的水稻产量较高。

表 5－5　肥东县 2014 年筛选腐熟剂品种

序号	参试秸秆腐熟剂产品商品名	秸秆腐熟剂生产企业
1	生物发酵剂	北京中龙创科技有限公司
2	微生物菌剂	江苏天象生物科技有限公司
3	酵素菌速腐剂	淮安大华生物科技有限公司
4	CB 发酵剂	上海创博生态工程有限公司
5	微生物发酵菌剂	广西鸿生源环保科技有限公司
6	有机物料腐熟剂	北京可力美施生物科技有限公司

二、筛选秸秆腐熟剂的应用效果

（一）对土壤有机质含量的影响

将不同试验区添加秸秆腐熟剂和未添加秸秆腐熟剂土壤有机质含量进行比较（表 5－6），张杨 1 区还田 3 年来添加腐熟剂小区土壤有机质平均每年的提升量为 6.97 g/kg，未添加腐熟剂小区土壤有机质平均每年的提升量为 7.40 g/kg；张杨 2 区还田 3 年来添加腐熟剂小区土壤有机质平均每年的提升量为 2.79 g/kg，未添加腐熟剂小区土壤有机质平均每年的提升量为 2.58 g/kg；陂塘 1 区还田 3 年来添加腐熟剂小区土壤有机质平均每年的提升量为 3.32 g/kg，未添加腐熟剂小区土壤有机质平均每年的提升量为 2.55 g/kg。除陂塘 1 区添加腐熟剂和未添加腐熟剂之间土壤有机质平均每年的提升量呈显著差异外，其他试验区的差异都不显著。

表5-6　秸秆腐熟剂应用对土壤有机质含量的影响

试验年度	张杨1区有机质（g/kg）		张杨2区有机质（g/kg）		陂塘1区有机质（g/kg）	
	添加腐熟剂	对照	添加腐熟剂	对照	添加腐熟剂	对照
还田1年	16.57	16.20	20.48	20.40	20.92	20.80
还田2年	22.77	22.30	21.67	21.20	24.20	23.50
还田3年	30.51	30.99	26.05	25.55	27.55	25.90
还田4年	—	—	28.03	27.30	—	—

（二）对水稻增产量的影响

将不同试验区添加秸秆腐熟剂和未添加秸秆腐熟剂水稻增产量进行比较（表5-7），添加腐熟剂小区水稻增产量远远大于未添加腐熟剂小区。普通秸秆还田通常会因腐熟速度慢、养分释放迟缓而影响水稻的种植与生长，甚至出现秸秆还田水稻减产的情况。腐熟剂的添加虽然加大了生产成本，但利于水稻的种植，有效提升了水稻产量，值得推广应用。

表5-7　秸秆腐熟剂应用对水稻增产量的影响

试验年度	张杨1区增产量（kg/hm^2）		张杨2区增产量（kg/hm^2）	
	添加腐熟剂	对照	添加腐熟剂	对照
还田1年	657	47	1 095	−105
还田2年	859	152	1 247	56
还田3年	783	112	1 208	180
还田4年	—	—	1 134	100

注：张杨2区还田1年秸秆还田＋常规施肥处理水稻增产量小于常规施肥处理，所以增产量用负数表示。

第二节　秸秆全量腐熟还田长期定位监测

一、试验方案设计

（一）小区试验设计

试验示范地址于肥东县桥头集镇竹塘村，沟渠配套，交通便捷。各个处理分别为：

处理1：午、秋两季农作物秸秆全量还田＋腐熟剂（习惯施肥＋上季秸秆）；

处理2：午季农作物秸秆全量还田＋腐熟剂（习惯施肥＋上季秸秆）；

处理3：秋季农作物秸秆全量还田＋腐熟剂（习惯施肥＋上季秸秆）；

处理 4：无秸秆还田对照（习惯施肥＋无秸秆＋无腐熟剂）。

试验点设置 4 个处理，3 次重复，共 12 个小区。每个小区面积 30 m^2，小区间设置小埂隔离，小区分布图具体见图 5－1。每个处理的秸秆还田量按每公顷秸秆全量还田折算，处理 1、2、3 可以增加氮素化肥，调节碳氮比（按每公顷还田 7 500 kg 秸秆增施 45 kg 尿素的用量）。

<table>
<tr><td rowspan="5">北</td><td colspan="4">东</td><td rowspan="5">南</td></tr>
<tr><td>1</td><td>3</td><td>4</td><td>2</td></tr>
<tr><td>2</td><td>1</td><td>3</td><td>4</td></tr>
<tr><td>4</td><td>2</td><td>1</td><td>3</td></tr>
<tr><td colspan="4">西</td></tr>
</table>

图 5－1　秸秆还田长期定位监测点试验小区分布图

（二）大田示范设计

大田示范设置 4 个处理，大田示范设置小埂隔离，分布图具体见图 5－2，各个处理分别为：

示范一：每年午、秋两季农作物秸秆全量还田示范；

示范二：每年仅午季农作物秸秆全量还田示范；

示范三：每年仅秋季农作物秸秆全量还田示范；

示范四：无秸秆对照示范。

<table>
<tr><td rowspan="4">北</td><td colspan="2">东</td><td rowspan="4">南</td></tr>
<tr><td>3</td><td>4</td></tr>
<tr><td>1</td><td>2</td></tr>
<tr><td colspan="2">西</td></tr>
</table>

图 5－2　秸秆还田长期定位监测点大田示范分布图

（三）供试材料

供试作物小麦品种为苏麦 188，水稻品种为天两优 3000。

上季农作物秸秆为下季还田作物材料。

试验示范土壤类型为水稻土，土壤基础理化性质为：pH 6.1、全氮 1.17 g/kg、有机质 18.4 g/kg、碱解氮 87 mg/kg、有效磷 18.4 mg/kg、速效钾 108 mg/kg、缓效钾 369 mg/kg、全磷 0.66 g/kg、全钾 13.3 g/kg、容重 1.43 g/cm^3。

腐熟剂选用淮安大华生物科技有限公司生产的酵素菌速腐剂（腐殖酸含量≥15%）。

（四）种植方式

种植方式为稻—麦轮作。

（五）秸秆还田模式

示范推广水稻、小麦机收秸秆粉碎旋耕腐熟还田循环利用技术模式。

（六）作业流程

小麦机械化收获秸秆机械粉碎—水稻机械化育插秧—水稻机械收获秸秆机械粉碎—小麦机械播种镇压，实现农作物全程机械化生产。

（七）田间管理

1. 水稻季田间管理。该试验地小麦收获时秸秆粉碎，各小区间用小埂隔离，按试验要求秸秆还田，处理1（午、秋两季农作物秸秆全量还田）施尿素45 kg/hm^2，秸秆腐熟剂30 kg/hm^2；处理2（午季农作物秸秆全量还田）施尿素45 kg/hm^2，秸秆腐熟剂30 kg/hm^2；处理3（秋季农作物秸秆全量还田）施尿素45 kg/hm^2，秸秆腐熟剂30 kg/hm^2；处理4（无秸秆对照）秸秆不还田，不施尿素和秸秆腐熟剂。水稻于5月中旬机械播种，大棚育秧，于6月初进行浅水泡田，各小区采用人工翻耕，每公顷施45% BB肥（N：P：K=15：15：15）375 kg/hm^2，撒施苄嘧·丙草胺除草剂1.2 kg/hm^2，采用机插秧移栽，秧龄20 d左右。6月中旬日各处理追施分蘖肥，撒施尿素90 kg/hm^2。6月底每公顷用毒死蜱1 200 mL防治稻蓟马。7月底，每公顷用氯虫苯甲酰胺300 g+己唑醇375 g+吡蚜酮300 g兑水675 kg喷雾，主治二代二化螟、稻曲病，兼治纹枯病、稻飞虱等。8月底，每公顷用50%氯溴异氰尿酸可湿性粉剂750 g+红钾750 mL，防治水稻条纹叶枯病。田间管理按照农户正常水平进行管理，10月上旬成熟，10月中旬适时收获。

2. 小麦季田间管理。试验地水稻收获后，按要求进行秸秆粉碎和秸秆清理，各小区间用小埂隔离，按试验方案进行秸秆还田和秸秆不还田，并人工翻耕，农户习惯施肥基肥施45% BB肥（N：P：K=15：15：15）450 kg/hm^2，平整畦面后待播种。11月初小麦种子精细整地后播种，播种小麦188 kg/hm^2，盖籽。每公顷用25%噻吩磺隆150 g+450 g/L甲基二磺隆450 g进行化学除草。2月底至3月初小麦追肥，每公顷施用45% BB肥（N：P：K=15：15：15）225 kg+尿素150 kg；4月中旬，每公顷用丙环·咪鲜胺600 g+吡虫啉375 g+美洲星450 mL，防治小麦赤霉病，兼治小麦蚜虫。田间管理按照农户正常水平进行管理，5月中旬适时收获。

（八）数据统计分析

根据项目相关资料完成数据处理分析。对肥东县农作物秸秆全量还田长期定位监测的耕地肥力指标和产量数据进行审核、统计、归纳，完成耕地肥力指标和产量数据录入整理。利用 Excel 软件处理统计数据并制作相关数据图，用 SPSS 软件对实验数据进行方差分析。

二、不同秸秆还田处理监测效果评价

（一）不同秸秆还田处理对土壤 pH 影响

通过对肥东县秸秆综合利用小区试验土壤 pH 汇总可知，连续 5 年不同秸秆还田处理小区试验土壤中的 pH 在 4.5～7.0，土壤呈中性至弱酸性。同一处理下土壤 pH 随着秸秆还田年限增加呈不断降低趋势，秸秆还田处理小区土壤 pH 相对于未秸秆还田处理小区土壤 pH 降低速度相对较缓（图 5－3、彩图 5－3）。

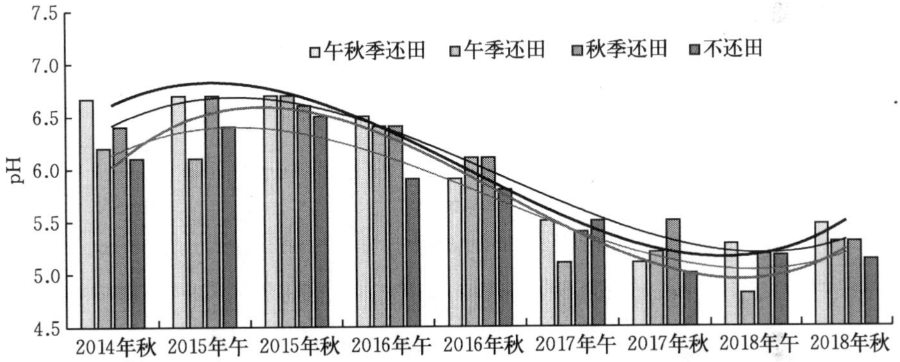

图 5－3　小区试验不同秸秆还田方式对土壤 pH 影响

根据连续 5 年秸秆还田小区试验及大田示范结果来看，不同秸秆还田处理下各示范区土壤中的 pH 在 5.0～6.5，土壤呈弱酸性。土壤 pH 降幅最大的为处理 4 未秸秆还田示范区土壤，由 2015 年午季土壤 pH 6.1 降低到 2017 年午季土壤 pH 5.4，降幅最为明显。随着秸秆还田年数的增加，不同秸秆还田处理下的土壤 pH 的数值均呈下降趋势。各秸秆还田处理小区土壤 pH 相对于未进行秸秆还田处理小区土壤 pH 降低速度差异不大。不同秸秆还田处理下土壤 pH 下降可能与施肥及监测点大气沉降有关（图 5－4、彩图 5－4）。

（二）不同秸秆还田处理对土壤有机质含量影响

土壤有机质是土壤的重要组成部分，与土壤的发生演变、肥力水平等很多属性都有密切的关系，土壤有机质中含有作物生长所需的各种养分。由图 5－5、彩图 5－5 小区试验不同秸秆还田方式对土壤有机质含量影响分析可知，连续 5 年不同秸秆还田方式处理增加土壤有机质含量。

不同秸秆还田处理对土壤有机质含量影响不同，连续 5 年秸秆还田中以处理 1 午秋两季农作物秸秆全量还田土壤有机质值增加幅度最大，土壤有机质含量由

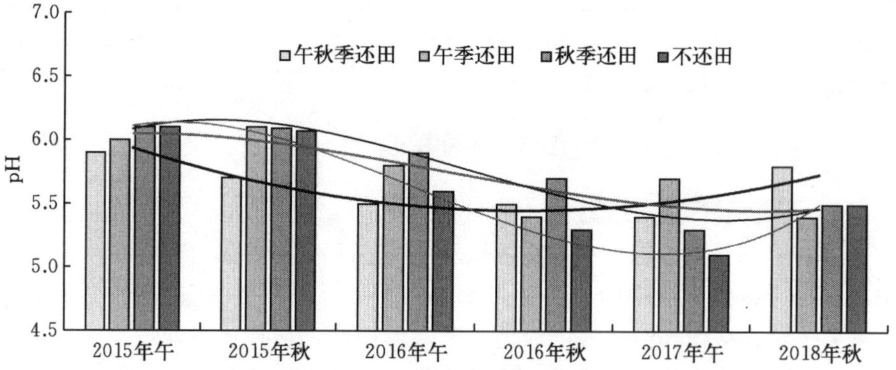

图 5－4　大田示范不同秸秆还田方式对土壤 pH 影响

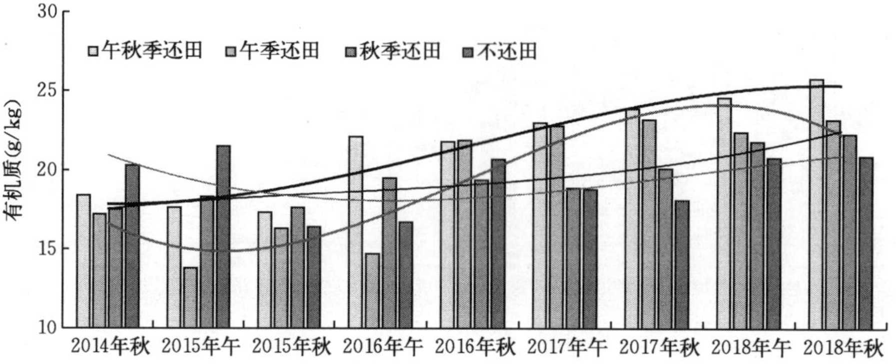

图 5－5　小区试验不同秸秆还田方式对土壤有机质含量影响

2014 年秋季的 18.4 g/kg 提升到 2018 年秋季 25.8 g/kg，连续 5 年秸秆还田土壤有机质含量共提升了 7.4 g/kg，提升幅度达到 40.2%。其次为处理 2 午季农作物秸秆全量还田和处理 3 秋季农作物秸秆全量还田。未进行秸秆还田处理小区土壤有机质含量总体变化不大，连续 5 年土壤有机质含量均在 19.0 g/kg 左右。同一处理下各秸秆还田小区随着秸秆还田年限的增加，在秸秆还田第 3 年，土壤有机质含量增加明显，有机质含量不断升高。

由图 5－6、彩图 5－6 大田示范不同秸秆还田方式对土壤有机质含量影响分析可知，大田示范中不同秸秆还田处理可增加土壤有机质含量。其中，大田示范处理 1 午秋两季农作物秸秆全量还田土壤有机质含量，由 2014 年秋季的 21.5 g/kg 提升到 2018 年秋季 27.4 g/kg，连续 5 年秸秆还田土壤有机质含量共提升了 5.9 g/kg，有机质含量提升幅度达到 27.4%。

大田示范中不同秸秆还田处理下土壤有机质含量平均值高于未秸秆还田小区

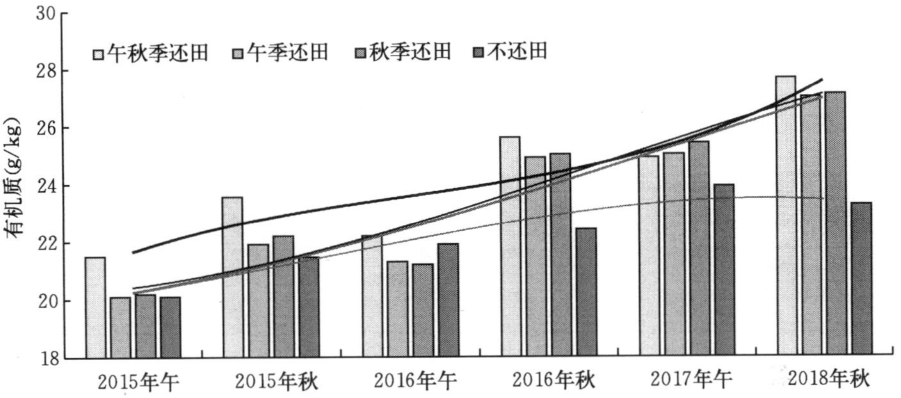

图 5-6　大田示范不同秸秆还田方式对土壤有机质含量影响

的土壤样品有机质含量，总的趋势为：处理 1 午秋两季农作物秸秆全量还田>处理 2 午季农作物秸秆全量还田>处理 3 秋季农作物秸秆全量还田>处理 4 无秸秆还田对照土壤有机质含量。同一处理下随着秸秆还田处理年限的增长土壤有机质含量呈不断升高的趋势。

总体来看，连续 5 年的小区试验及大田示范结果表明：秸秆还田处理可在一定程度上增加土壤有机质含量。

（三）不同秸秆还田处理对土壤全氮含量影响

氮素是农作物不可缺少的营养元素，也是农作物吸收最多的营养元素。土壤全氮含量通常用来衡量土壤氮素的基础肥力[25-26]。由图 5-7、彩图 5-7 可知，根据土壤全氮测定数据分析各个年份及处理下土壤全氮含量范围为 1.00～1.60 g/kg，根据《安徽省耕地土壤养分等级划分标准》均在中等偏上水平。秸秆还田处理下土壤全氮含量高于未秸秆还田处理小区土壤全氮含量。其中，处理 1 午秋两季农作物秸秆全量还田土壤全氮值由 2014 年和 2015 年的 1.10 g/kg 提升到 2018 年的 1.50 g/kg，土壤全氮值提升了 0.40 g/kg。总体来看，同一处理下各秸秆还田小区随着秸秆还田年份的增加，土壤全氮值呈上升的趋势。

由图 5-8、彩图 5-8 大田示范不同秸秆还田方式对土壤全氮含量影响总体分析可知，秸秆还田处理可增加土壤全氮含量。在秸秆还田初期各处理下土壤全氮含量范围 1.00～1.50 g/kg，根据《安徽省耕地土壤养分等级划分标准》全氮含量为中等水平。但经过连年秸秆还田处理后秸秆还田处理下全氮含量逐渐提高到 1.50 g/kg 以上，根据《安徽省耕地土壤养分等级划分标准》全氮含量达到较丰水平。特别是大田示范 2018 年秋季处理 1 午秋两季农作物秸秆全量还田土壤全氮含量达 1.64 g/kg。

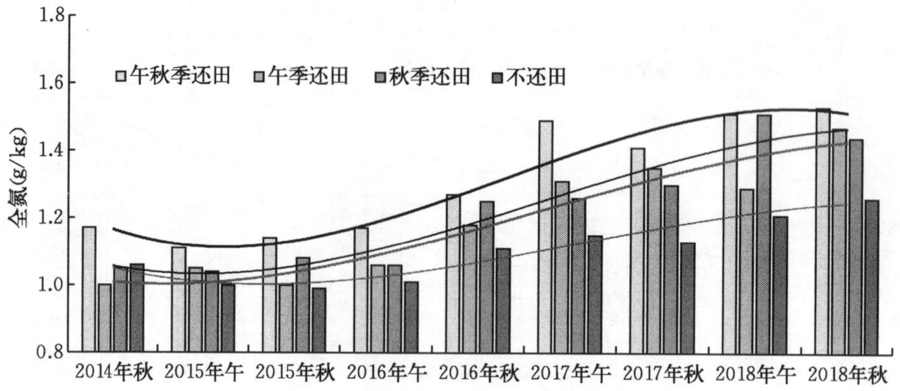

图 5－7　小区试验不同秸秆还田方式对土壤全氮含量影响

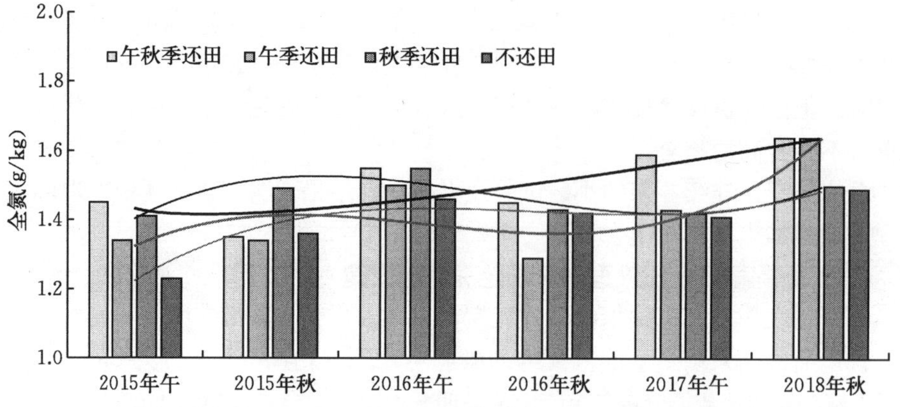

图 5－8　大田示范不同秸秆还田方式对土壤全氮含量影响

总体来看，连续5 年的秸秆还田处理监测结果表明：秸秆还田处理可增加土壤全氮含量。各秸秆还田处理下土壤全氮含量高于未秸秆还田处理小区土壤全氮含量且随着秸秆还田年份的增加，土壤全氮含量呈上升的趋势。

(四) 不同秸秆还田处理对土壤有效磷含量影响

土壤中的磷一般以无机磷和有机磷两种形式存在，土壤有效磷含量是衡量土壤养分容量和强度水平的重要指标。有效磷是指土壤中可被植物吸收利用的磷的总称。它包括全部水溶性磷、部分吸附态磷、一部分微溶性的无机磷和易矿化的有机磷等，只是后两者需要经过一定的转化过程后方能被植物直接吸收。由图 5－9、彩图 5－9 小区试验不同秸秆还田方式对土壤有效磷含量影响分析可知，各秸秆还田处理土壤有效磷的含量总体上高于未进行秸秆还田的处理。秸秆还田处理提高了土壤有效磷的含量，但各秸秆还田处理间土壤有效磷含量的差异性不大。各处理土壤秸秆还田有效磷含量在 20.0 mg/kg 以上，根据《安徽省耕地土壤养分等级划分标准》达到较丰和丰水平。同一处理下土壤有效磷含量比较可知，随着秸秆还田年限的增加土壤有效磷含量呈上升的趋势，特别是处理 1 午秋两季还田及处理 2 午季还田土壤有效磷含量增长幅度最大。

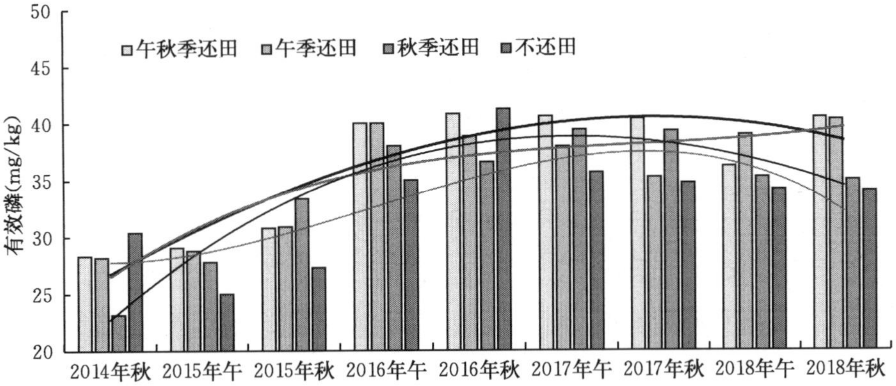

图 5-9　小区试验不同秸秆还田方式对土壤有效磷含量影响

由图 5-10、彩图 5-10 大田示范不同秸秆还田方式对土壤有效磷含量影响分析可知，大田示范各秸秆还田处理提高了土壤有效磷的含量。大田示范中各秸秆还田处理土壤有效磷的含量总体上高于未进行秸秆还田的处理。其中处理 1 午秋两季农作物秸秆全量还田土壤有效磷含量由 2015 年午季的 26.6 mg/kg 提升到 2018 年的 38.5 mg/kg 左右，土壤有效磷含量提升了 11.9 mg/kg。未进行秸秆还田处理的示范区土壤有效磷的含量增加趋势不明显。同一处理下，各秸秆还田小区土壤有效磷的含量随着秸秆还田年份的增加，土壤有效磷含量均呈上升的趋势。

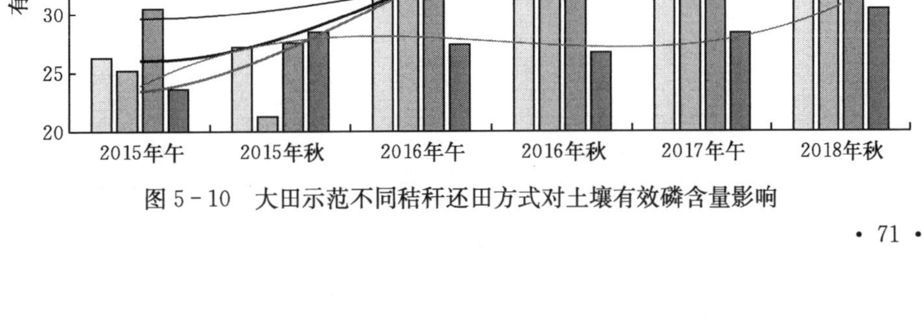

图 5-10　大田示范不同秸秆还田方式对土壤有效磷含量影响

总的来看，连续5年秸秆还田处理在一定程度上提高了土壤有效磷的含量。主要原因是秸秆还田增加土壤有机质含量。含有机质多的土壤，其固磷作用较弱，有机质矿化能提供部分无机磷，有机物分解产生的有机酸和其他螯合剂，将部分固定态磷释放为可溶态，从而进一步提高了土壤有效磷的含量[27]。

（五）不同秸秆还田处理土壤速效钾含量影响

土壤中的钾一般分为矿物态钾、缓效钾和速效钾3个部分，而能被作物吸收利用的主要是速效钾。土壤中的钾矿物大多数都是以难溶性状态存在的，所以即使土壤中钾含量很高，也不能说明土壤中的钾含量能够供应植物吸收利用。土壤速效钾含量是表征土壤钾素供应状况的重要指标之一，土壤速效钾含量对指导钾肥的施用具有重要意义。

由图5-11、彩图5-11不同秸秆还田方式对土壤速效钾含量影响可知，各秸秆还田处理土壤速效钾的含量总体上高于未进行秸秆还田的处理。秸秆还田处理提高了土壤速效钾的含量。

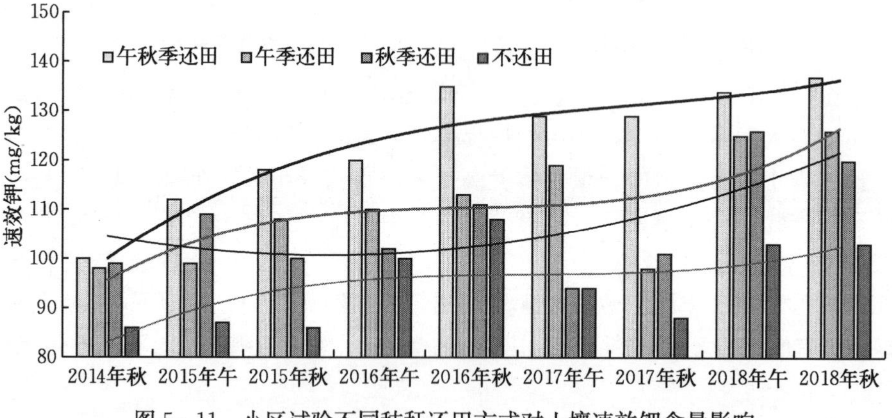

图5-11　小区试验不同秸秆还田方式对土壤速效钾含量影响

在秸秆还田初期各处理土壤秸秆还田有效钾含量在100 mg/kg以下，根据《安徽省耕地土壤养分等级划分标准》速效钾含量为缺乏水平。但经过连年秸秆还田处理后，秸秆还田处理下小区速效钾含量不断提高，达到100 mg/kg以上，根据《安徽省耕地土壤养分等级划分标准》速效钾含量达到中等水平。特别是处理1午秋两季农作物秸秆全量还田在2018年秋季速效钾含量达137 mg/kg，与2014年秋季土壤速效钾含量100 mg/kg相比，连续5年秸秆还田试验增加土壤速效钾含量37 mg/kg，提升幅度达37%。总的来看，秸秆还田处理在一定程度上提高了土壤速效钾的含量。各个秸秆还田处理中土壤速效钾含量以处理1午秋两季农作物秸秆全量还田数值最高。总的趋势为处理1午秋两季农作物秸秆全量还田＞处理 2 午季农作物秸秆全量还田＞处理 3 秋季农作物秸秆全量还田＞处理 4 无秸秆还田对照速效钾含量。

由图 5－12、彩图 5－12 大田示范不同秸秆还田方式对土壤速效钾含量影响可知，大田示范中秸秆还田处理提高了土壤速效钾的含量。在大田示范中各秸秆还田处理土壤速效钾的含量总体上高于未进行秸秆还田的处理。在秸秆还田初期各处理土壤秸秆还田有效钾含量在 100 mg/kg 左右，经过连年秸秆还田处理后秸秆还田处理下小区速效钾含量提高到 120 mg/kg 以上，各个秸秆还田处理中土壤速效钾含量以处理 2 午季农作物秸秆全量还田数值增加最高，由最低时的 102 mg/kg 增加到最大时的 146 mg/kg。同一处理下，各秸秆还田小区土壤速效钾的含量随着秸秆还田年份的增加，土壤速效钾含量呈上升的趋势。5 年的试验示范结果表明：在小区试验及大田示范中各秸秆还田处理土壤速效钾的含量总体上高于未进行秸秆还田的处理。秸秆还田处理在一定程度上提高了土壤速效钾的含量[27]。

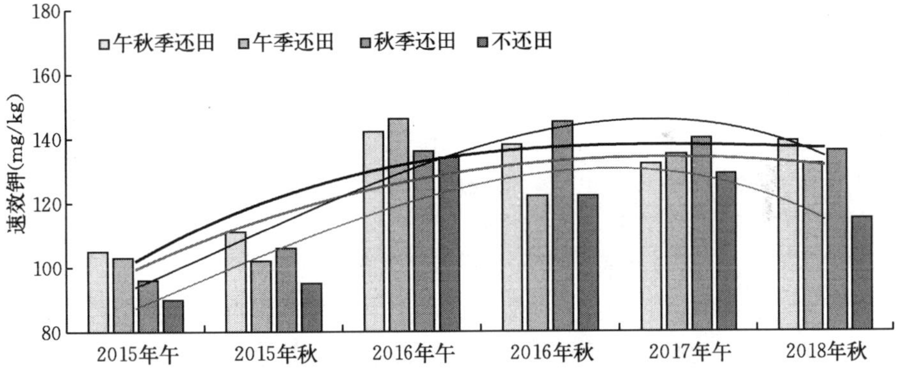

图 5－12 大田示范不同秸秆还田方式对土壤速效钾含量影响

（六）不同秸秆还田处理对土壤主要物理性质特征影响

土壤容重和孔隙度与土壤质地、结构、有机质含量、土壤紧实度等有关。它是衡量土壤组成、土壤颗粒间排列、通气透水和保肥性能等的一项重要的基本性质。土壤孔性是土壤结构性的反映，结构好则孔性好，反之亦然。土壤结构的肥力意义，实质上决定于土壤孔性[28]。

根据对肥东县秸秆还田土壤容重测定结果进行分析评价，由图 5－13、彩图 5－13 小区试验不同秸秆还田方式对土壤容重影响分析可知，在秸秆还田2014 年秋季及 2015 年午季前两季各秸秆还田处理下小区土壤容重均在 1.40 g/cm^3 左右，按照土壤容重分级标准在紧实等级范围。

随着连年的秸秆还田处理，各秸秆还田处理下土壤容重的平均值逐年降低，

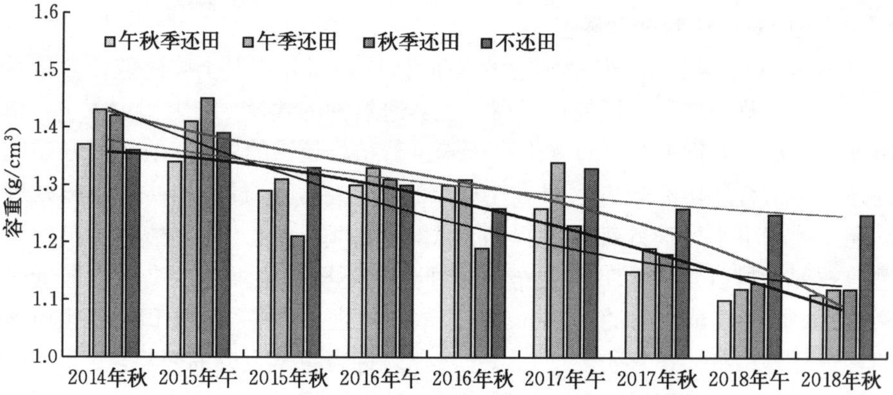

图 5－13　小区试验不同秸秆还田方式对土壤容重影响

到 2018 年午秋两季土壤容重为 1.15 g/cm³ 左右。土壤容重降低 0.25 g/cm³，降低幅度为 17.9%。根据土壤容重分级标准各秸秆还田小区土壤容重分布在适宜的范围，比较适宜耕作及作物生长发育。同一处理下，各秸秆还田小区土壤容重随着秸秆还田年份的增加，土壤容重呈不断下降的趋势，而未秸秆还田小区土壤容重变化趋势不大。

从分析结果可以看出，秸秆还田可以降低土壤容重，降低幅度可达 17.9%，增加了土壤孔隙度，提高了土壤疏松程度，有利于促进土壤中微生物的活动和养分的分解利用，有利于作物根系的生长发育[29]。

（七）不同秸秆还田处理对农作物产量的影响

对肥东县不同秸秆还田处理下对农作物影响产量进行收获时各小区单收单称计实际产量进行对比分析，由图 5－14、彩图 5－14 不同秸秆还田方式对小麦产量影响及图 5－15、彩图 5－15 不同秸秆还田方式对水稻产量影响分析可知，秸秆还田处理在一定程度上提高了作物产量。

各个秸秆还田处理中无论是水稻还是小麦均以处理 1 午秋两季农作物秸秆全量还田作物产量最高。处理 1 午秋两季农作物秸秆全量还田 5 年试验中小麦平均产量为 5 129 kg/hm²，相对于处理 4 未秸秆还田处理 5 年平均产量 4 416 kg/hm²，小麦增产 713 kg/hm²。2018 年小麦产量因自然灾害等因素影响，各处理产量普遍降低，但秸秆还田小区产量依然高于未秸秆还田小区小麦产量。

小区试验各秸秆还田处理中，处理 1 午秋两季农作物秸秆全量还田水稻平均产量最高，达到 8 311 kg/hm²，相对于处理 4 未秸秆还田处理平均产量 7 418 kg/hm²，水稻增产达 893 kg/hm²，增产幅度达到 12.0%。

总的来看，各秸秆还田处理下无论是水稻季还是小麦季作物产量整体趋势

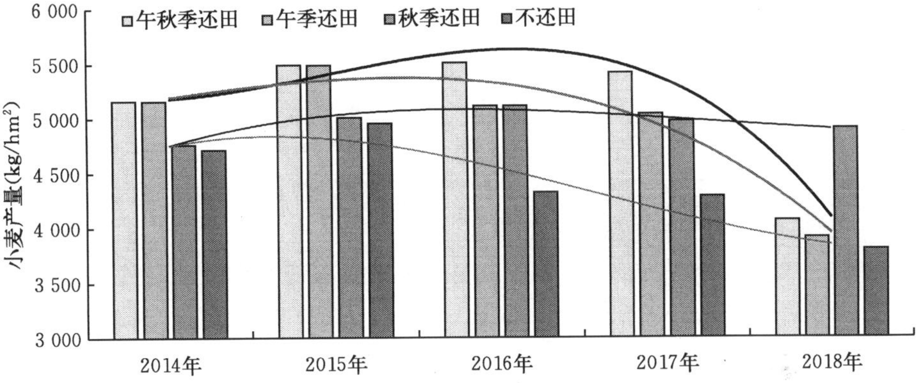

图 5-14 小区试验不同秸秆还田方式对小麦产量影响

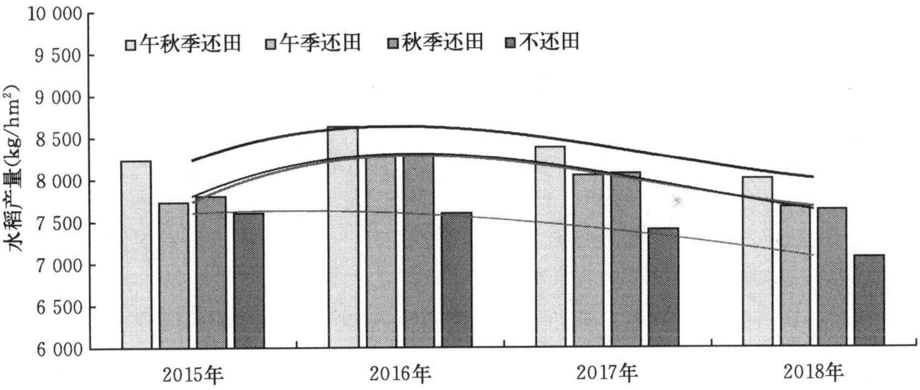

图 5-15 小区试验不同秸秆还田方式对水稻产量影响

为：处理 1 午秋两季农作物秸秆全量还田＞处理 2 午季农作物秸秆全量还田＞处理 3 秋季农作物秸秆全量还田＞处理 4 无秸秆还田对照。连续 5 年的监测结果表明，秸秆还田处理有利于作物产量的提高。

三、总结

（一）秸秆还田提高土壤有机质和氮、磷、钾养分含量

秸秆还田提高土壤有机质和氮磷钾养分含量。不同秸秆还田方式对土壤有机质含量影响不同，秸秆还田处理可增加土壤有机质含量。秸秆还田处理可增加土壤全氮及碱解氮含量。总体来看，随着秸秆还田年份的增加，土壤全氮含量呈上升的趋势。秸秆还田处理在一定程度上会增加土壤有效磷的含量。大田示范中各秸秆还田处理土壤有效磷的含量总体上高于未进行秸秆还田的处理。总的来看，

秸秆还田处理在一定程度上提高了土壤有效磷的含量。秸秆还田可以提高土壤速效钾的含量。

（二）秸秆还田稍微降低土壤 pH，但差异不大

根据连续 5 年秸秆还田小区试验及大田示范结果表明：随着秸秆还田年数的增加不同秸秆还田处理下的土壤 pH 的数值均呈下降趋势。各秸秆还田处理小区土壤 pH 相对于未进行秸秆还田处理小区土壤 pH 降低速度差异不大。

（三）秸秆还田改善土壤疏松程度

连续 5 年的试验示范结果表明：秸秆还田可以降低土壤容重，增加了土壤孔隙度。随着连年的秸秆还田处理，各秸秆还田处理下土壤容重的平均值逐年降低，到 2018 年午秋两季土壤容重为 1.15 g/cm^3 左右。土壤容重降低 0.25 g/cm^3，降低幅度为 17.9%。土壤容重分级标准在紧实等级范围分布在适宜的范围，有利于耕作及作物生长发育。秸秆还田处理增加了土壤孔隙度，改善了土壤疏松程度，有利于促进土壤中微生物的活动和养分的分解利用，有利于作物根系的生长发育。

（四）秸秆还田提高农作物产量

秸秆还田处理在一定程度上提高了作物产量。各个秸秆还田处理中无论是水稻还是小麦均以处理 1 午秋两季农作物秸秆全量还田作物产量最高。连续 5 年的监测结果表明：无论是小麦季还是水稻季，秸秆还田处理有利于作物产量的提高。

第三节　秸秆全量腐熟还田技术模式与要点

一、“田头窖”堆腐还田

（一）技术模式

1. 挖窖。选择田块的拐角，每 667 m^2 种植面积，挖 1 个深 0.8 m、宽 1.5 m、长 2 m 标准的“田头窖”，把窖内挖出的土一部分堆置在窖的四周，踩实作为窖埂，另一部分堆放在旁边，待秸秆堆好，用来覆盖秸秆。

2. 堆置。秸秆分层堆置、踩实，第一层 40～50 cm，第二层 30～40 cm，第三层 20～30 cm，第四层 20 cm 左右。每层踩实后撒施一定量的腐熟剂，确保能达到全量腐熟还田。

3. 盖土。在秸秆堆置完成后，用泥土在堆顶均匀盖实。采用泥土覆盖，既可防止水分蒸发，又能有效保证雨水下渗促使秸秆腐烂。

4. 堆腐。秸秆堆腐后，遇水约 10 d 后，堆体下沉，秸秆变软，颜色加深，1 个月后逐渐腐烂、变脆，秸秆易折断。

5. 还田。将腐烂的秸秆从窖中挖出后，均匀地撒施在田间作基肥，再对田块进行翻耕。

（二）技术要点

1. 选择场地。在田间地头选择距水源较近，运输方便的地方。如果选择平地，要在四周垒出 30 cm 高的土埂，以防跑水。

2. 处理秸秆。秸秆分 3～4 层堆置并踩实，每层 40 cm 左右，堆宽一般要求为 1.6～2.0 m，堆高 1.2～1.6 m，堆长以秸秆量多少和场地大小而定（每堆 0.1～0.3 hm^2 秸秆量为最佳）。

3. 加速腐烂。秸秆堆置时分层均匀撒施腐熟剂和尿素混合物，用量按每公顷秸秆 30 kg 腐熟剂、75 kg 尿素，增施氮肥用以提高秸秆的氮碳比，解决秸秆腐烂过程中对氮的损耗，促进微生物繁殖，加速秸秆腐烂。

4. 调节水分。将堆好的秸秆用水浇透，干秸秆与水的比例一般为 1∶1.8，使秸秆的含水量达到 60%～70%，一般以手握有水滴出为宜，这是秸秆腐熟成败的关键。

5. 密封覆盖。在秸秆堆置完成后，用泥土（或用农膜、杂草、菜籽壳等）在堆顶均匀盖实（厚度约 3 cm）。一周后堆体逐渐下陷，秸秆开始腐烂；如发现秸秆上有白色菌丝体出现，要适量加水，然后重新添加覆盖物封好，待达到半腐熟时压紧密封待用。

6. 腐熟标志。20～25 d 即可腐熟使用，而且质量良好，有效养分含量高。完全腐熟时作物秸秆的颜色为黑褐色至深褐色，秸秆很软或混成一团，秸秆残体不明显，用手抓握堆肥挤出汁液，滤出后无色有臭味。

7. 还田利用。一是未翻耕的田块，将腐熟的秸秆取出后，均匀的撒施在田间作基肥使用，再对田块进行翻耕。二是对于已经播种尚未出苗的小麦田块，将腐熟的秸秆均匀的覆盖在畦面即可，注意覆盖的量不要过厚成堆，以防影响后期小麦出苗。三是对已经移栽或点播的油菜田块，将腐熟的秸秆均匀的覆盖在油菜行间即可。

二、秸秆粉碎还田

（一）秸秆粉碎旋耕还田技术模式

1. 作物收割，秸秆粉碎。机械收割同时配套粉碎装置，粉碎和抛撒一次完成，粉碎后的秸秆不规则均匀平铺在田面，忌碎草成堆。

2. 施用腐熟剂，勿用杀菌剂。刚刚收获后的秸秆含水量大，利用秸秆腐烂，应及时撒施秸秆腐熟剂，腐熟剂每公顷用量 30 kg。

3. 氮肥前移，合理施肥。秸秆腐烂的同时需要消耗氮素，但后期秸秆腐烂后又会释放氮、磷、钾等多种营养元素，故基肥应适当增施氮肥，每公顷增施45～75 kg尿素，后期追肥少施或不施氮肥。

4. 翻耕及时，整地压实。用55 kW以上大马力旋耕机在秸秆刚刚粉碎时，及时旋耕，并进行平整和压实。在最后一次旋耕时结合机耕施入适量的底肥。

（二）秸秆粉碎覆盖还田技术模式

1. 切碎抛撒均匀。使用联合收割机自带的秸秆切碎装置或与联合收割机配套的秸秆粉碎机在收获的同时粉碎抛撒秸秆，割茬高度不高于15 cm。秸秆切碎长度不高于10 cm，铺撒均匀，如发现成堆或成条的秸秆，可用人工撒开，必要时用圆盘耙作业。

2. 专业机械或人工操作。由于秸秆切碎后地面有秸秆覆盖，普通播种机容易堵塞，因此必须采用专门的免耕播种机进行播种。或使用经改装的旋耕施肥播种机旋耕播种，田间无漏播，地头无重播。如若无法使用专门的免耕播种机，也可人工点播或移栽。

（三）技术要点

1. 田地平整。实施秸秆全量腐熟还田的地块，需十分平整。

2. 处理秸秆。秸秆需均匀平铺在田面上，并进行压实，切忌碎草成堆。

3. 施腐熟剂。腐熟剂应保存于阴凉干燥处，不能与杀菌剂混用，施加腐熟剂应注意天气的变化，防止大雨将菌种漂浮流走，影响效果，浇水尽量在施加腐熟剂之前，待秸秆完全腐烂，可加大灌水量。

4. 调节水分。腐熟剂施加后，需注意观测田间的水分状况，必要时进行少量的灌水，控制秸秆的含水量在50％～80％。

5. 耕翻整地。采用机械干旋耕，将碎草与表土混合，采用两次旋耕，一般耕深以10～12 cm为宜。

6. 施肥播种。播种或栽插前合理施用底肥，为加速腐熟，调整碳氮比，适当的增施速效氮肥，再将浸种后的水稻种子均匀撒播于地表（播种量应较常规栽培法增加10％左右）。

7. 压秆灌水。采用机械或人工拍打压秆，使秸秆沉降到地表，于泥土相黏，防止秸秆泡水后浮起。第一次灌水7～10 cm深，使秸秆充分吸足水分，快速腐烂分解。

8. 正常管理。其他施肥及病虫草害防治正常进行，施肥参照高产施肥要求进行。

三、秸秆全量腐熟还田技术优势与存在问题

（一）技术优势

1. 操作简便。采用菌剂腐熟秸秆，不需要堆制，省工省力。

2. 腐熟快。通常情况下，施用腐熟剂后，秸秆 30～40 d 左右就失去约一半的干重。

3. 增加养分。秸秆腐熟后会释放氮、磷、钾及微量元素，这些养分容易被植物吸收，对作物增产有较大的效果。

4. 灭杀病虫。由于菌剂中含有多种有益的微生物，在施入后会大量繁殖，抑制土壤中的致病真菌，减轻作物病害。

5. 成本低。按每公顷还田 30 kg 秸秆腐熟剂计算，每公顷秸秆腐熟剂成本只需 75 元左右。

（二）存在问题

秸秆全量腐熟还田虽然有改良土壤和增加产量的效果，但外在现状不明显；目前，农机农艺技术配套还不够完善，秸秆还田后作物出苗率明显降低、前期长势缓慢；水稻收获秸秆还田后田间水分过多，对秋播小麦和油菜出苗影响很大；新型农业经营主体往往片面追求经济效益，常常倾向于选择省工省时的方式对耕地进行管理。

第六章　总量控制适期施肥技术

施肥的主要目的是增加作物产量，改善作物品质，培肥地力以及提高经济效益，因此合理和科学施肥是保障粮食安全和维护农业可持续性发展的主要手段之一。[30]。科学施肥是以土壤测试和肥料田间试验为基础，根据作物需肥规律、土壤供肥性能和肥料效应，在合理施用有机肥料的基础上，计算出氮、磷、钾及中、微量元素等肥料的合理施用数量[31]，选择适当的肥料品种，同时在合适的施肥时期，使用科学的施用方法进行施肥的技术方法体系。科学施肥技术的核心是调节和解决作物需肥、土壤供肥和人为施肥之间的矛盾，同时有针对性地补充作物所需的营养元素，作物缺什么元素就补充什么元素，需要多少补多少，实现各种养分平衡供应，满足作物的需要，达到提高肥料利用率、提高作物产量、改善农产品品质、节省劳力、节支增收、培肥地力的目的。

第一节　作物推荐施肥指标体系的建立

一、建立作物推荐施肥指标体系的流程

（一）基本流程

进行相关研究和校验研究是建立作物推荐施肥指标体系的基础性工作。相关研究是指采用某一土壤测试方法得到的测试值与参与标准之间的相关性研究。相关研究可以在温室或网室中以盆栽试验的方法来进行，但田间试验更能反映实际情况。校验研究是指选定提取测定方法之后，再以作物产量反应为依据，确定测定值的“高”“中”“低”等各级指标。校验研究必须依靠田间试验，完全排除盆栽方法。只有在当地土壤上针对具体作物做好相关研究，才能确定适宜的测定方法，并对测定值进行解释。

建立测土配方施肥指标体系的基本流程如下：

1. 事先调查与选点。试验范围内的土壤性质不能跨越太大，但也不必分得过细。一般来说，对一种主要作物有一套肥力指标。选点原则：拉开土壤肥力档次，一般要求 20 个点以上。

2. 土壤采样。①1 个分析样所代表的面积不应过大。②一个田间试验采集一个土样，由多点采样混合而成。

3. 相关研究与土壤测试方法的筛选。

4. 校验研究与土壤测试丰缺指标的确定。

5. 在不同指标值的土壤上分别进行施肥量试验，以确定“建议施肥量”或“最佳施肥量”。

（二）“3414”田间试验

肥料效应田间试验设计，取决于试验目的，现在一般采用“3414”田间试验设计方案。“3414”是指氮、磷、钾 3 个因素、4 个水平、14 个处理。该方案设计吸收了回归最优设计处理少、效率高的优点，是这次测土配方施肥推荐使用的田间试验方案。4 个水平的含义：0 水平指不施肥，2 水平指当地最佳施肥量的近似值，1 水平＝2 水平×0.5，3 水平＝2 水平×1.5（该水平为过量施肥水平）（表 6－1）。

表 6－1　“3414”试验方案处理

试验编号	处理	N	P	K
1	$N_0P_0K_0$	0	0	0
2	$N_0P_2K_2$	0	2	2
3	$N_1P_2K_2$	1	2	2
4	$N_2P_0K_2$	2	0	2
5	$N_2P_1K_2$	2	1	2
6	$N_2P_2K_2$	2	2	2
7	$N_2P_3K_2$	2	3	2
8	$N_2P_2K_0$	2	2	0
9	$N_2P_2K_1$	2	2	1
10	$N_2P_2K_3$	2	2	3
11	$N_3P_2K_2$	3	2	2
12	$N_1P_1K_2$	1	1	2
13	$N_1P_2K_1$	1	2	1
14	$N_2P_1K_1$	2	1	1

该方案除了可应用 14 个处理，进行氮、磷、钾三元二次效应方程的拟合以外，还可分别进行氮、磷、钾中任意二元或一元效应方程的拟合。例如，进行氮、磷二元效应方程拟合时，可选用处理 2～7、11、12，可求得以 K_2 水平为基

础的氮、磷二元二次肥效应方程。又如，选用处理 2、3、6、11 可求得在 P_2K_2 水平为基础的氮肥效应方程；选用处理 4、5、6、7 可求得在 N_2K_2 水平为基础的磷肥效应方程；选用处理 6、8、9、10 可求得在 N_2P_2 水平为基础的钾肥效应方程。

二、作物“3414”肥料效应田间试验示例

（一）水稻田间试验

1. 试验时间和地点。 2008 年 5 月至 9 月，在肥东县包公镇王集居委会孟陶村民组孟永富承包田安排水稻“3414”肥料肥效效应田间试验，试验田排灌方便，地块平整，土壤肥力中等，代表面积 66.7 hm^2；前茬作物为油菜，产量为2 700 kg/hm^2。

2. 肥料施用。 按照试验方案，于 6 月 4 日分小区施基肥，6 月 13 日追施分蘖肥，7 月 19 日追施穗肥。施肥方法：撒施。各处理施肥情况详见表 6-2。

表 6-2 水稻各处理施肥情况

编号	处理	总纯量（kg/hm^2）			基肥实物量（kg/hm^2）			追肥 1	追肥 2
		N	P_2O_5	K_2O	尿素	磷肥	钾肥	尿素	尿素
1	$N_0P_0K_0$	0	0	0	0	0	0	0	0
2	$N_0P_2K_2$	0	37.5	48.75	0	312	81	0	0
3	$N_1P_2K_2$	78.75	37.5	48.75	90	312	81	48	48
4	$N_2P_0K_2$	157.5	0	48.75	178.5	0	81	97.5	64.5
5	$N_2P_1K_2$	157.5	18.75	48.75	178.5	156	81	97.5	64.5
6	$N_2P_2K_2$	157.5	37.5	48.75	178.5	312	81	97.5	64.5
7	$N_2P_3K_2$	157.5	56.25	48.75	178.5	468	81	97.5	64.5
8	$N_2P_2K_0$	157.5	37.5	0	178.5	312	0	97.5	64.5
9	$N_2P_2K_1$	157.5	37.5	24	178.5	312	40.5	97.5	64.5
10	$N_2P_2K_3$	157.5	37.5	73.5	178.5	312	121.5	97.5	64.5
11	$N_3P_2K_2$	236.25	37.5	48.75	268.5	312	81	145.5	97.5
12	$N_1P_1K_2$	78.75	18.75	48.75	90	156	81	48	33
13	$N_1P_2K_1$	78.75	37.5	24	90	312	40.5	48	33
14	$N_2P_1K_1$	157.5	18.75	24	178.5	156	40.5	97.5	64.5

3. 产量结果（表 6－3）。

表 6－3　试验各小区理论产量测产详表

处理	株高（cm）	穗长（cm）	有效穗（万穗/ hm²）	穗粒数（粒/株）	结实率（%）	千粒重（g）	理论产量（kg/hm²）	实际产量（kg/hm²）
1	121.2	21.5	207.6	127.3	91.8	28.0	6 792.9	5 637
2	125.8	20.9	244.8	122.0	84.4	28.0	7 057.8	6 078
3	127.8	22.5	205.35	185.1	88.4	28.0	9 408.3	8 091
4	131.2	22.8	238.65	147.0	94.5	28.0	9 282.6	7 803
5	128.4	22.6	224.1	157.8	90.7	28.0	8 980.8	7 564.5
6	132.2	23.2	267.75	145.1	89.9	28.0	9 779.5	8 229
7	132.2	22.3	261.3	150.3	89.4	28.0	9 830.9	8 512.5
8	129.4	22.3	210.6	168.1	92.6	28.0	9 179.0	7 720.5
9	136.4	21.6	289.95	127.8	89.7	28.0	9 306.9	7 986
10	128.4	21.4	282.3	134.3	91.9	28.0	9 755.7	8 362.5
11	133.0	22.3	265.65	144.1	93.2	28.0	9 989.6	8 593.5
12	132.6	23.0	218.7	158.7	90.5	28.0	8 794.9	7 660.5
13	128.0	22.3	257.4	144.4	90.0	28.0	9 366.5	7 884
14	135.8	23.0	203.7	179.0	89.4	28.0	9 127.2	7 608

（二）油菜田间试验

1. 试验时间和地点。2007 年 9 月至 2008 年 5 月，在肥东县八斗镇南鲁村普北组王邦传的地块进行试验。该地块面积为 0.1 hm²，黄白土，地块平整，土壤肥力中等，代表面积 66.7 hm²；前茬水稻，产量 7 500 kg/ hm²。

2. 试验设计。本次肥效试验全部采用“3414”方案设计，氮、磷、钾 3 个因素、4 个水平、14 个处理。具体处理设置见表 6－4。

表 6－4　油菜各处理施肥情况

处理编号	处理	基肥（kg/hm²）			追肥（kg/hm²）			
		N	P_2O_5	K_2O	N	P_2O_5	K_2O	其他肥料
1	$N_0P_0K_0$	0	0	0	0	0	0	0
2	$N_0P_2K_2$	0	67.5	60	0	0	30	0
3	$N_1P_2K_2$	52.5	67.5	60	52.5	0	30	0
4	$N_2P_0K_2$	105	0	60	105	0	30	0
5	$N_2P_1K_2$	105	33.75	60	105	0	30	0

（续）

处理编号	处理	基肥（kg/hm²）			追肥（kg/hm²）			
		N	P_2O_5	K_2O	N	P_2O_5	K_2O	其他肥料
6	$N_2P_2K_2$	105	67.5	60	105	0	30	0
7	$N_2P_3K_2$	105	101.25	60	105	0	30	0
8	$N_2P_2K_0$	105	67.5	0	105	0	0	0
9	$N_2P_2K_1$	105	67.5	30	105	0	15	0
10	$N_2P_2K_3$	105	67.5	90	105	0	45	0
11	$N_3P_2K_2$	157.5	67.5	60	157.5	0	15	0
12	$N_1P_1K_2$	52.5	33.75	60	52.5	0	30	0
13	$N_1P_2K_1$	52.5	67.5	30	52.5	0	15	0
14	$N_2P_1K_1$	105	33.75	30	105	0	15	0

3. 收获。5 月 14 日组织考种、理论测产，5 月 25 日收割，5 月 30 日实产，每个小区单打单收，分别称出籽粒产量、秸秆量、壳重。具体数据见表 6－5。

表 6－5 油菜各处理理论产量测产详表

处理	分枝数（个）	结角数（个）	平均籽粒数（个）	秸秆量（kg/hm²）	壳重（kg/hm²）	理论产量（kg/hm²）	实际产量（kg/hm²）
$N_0P_0K_0$	10.8	427	19.5	2 668.5	2 167.5	1 608.3	1 668
$N_0P_2K_2$	11	630	20.1	4 002	2 001	2 445.9	2 251.5
$N_1P_2K_2$	10.6	564	24.5	4 335	2 167.5	2 663.55	2 668.5
$N_2P_0K_2$	10	631	27.1	4 836	2 167.5	3 302.85	2 835
$N_2P_1K_2$	11.8	765	26.5	4 168.5	2 502	3 915.6	3 168
$N_2P_2K_2$	11.2	873	25.2	4 503	2 502	4 249.2	3 085.5
$N_2P_3K_2$	11.2	762	20.5	3 502.5	2 668.5	2 922.9	3 418.5
$N_2P_2K_0$	11.7	579	21.4	5 002.5	2 334	2 662.65	2 835
$N_2P_2K_1$	11.1	673	18.2	5 002.5	2 502	2 365.8	3 300
$N_2P_2K_3$	10.7	477	28.9	4 002	2 668.5	3 589.5	3 334.5
$N_3P_2K_2$	11.6	496	20.7	6 003	2 668.5	1 978.35	3 001.5
$N_1P_1K_2$	10.8	591	27.4	3 835.5	2 334	3 127.8	2 668.5
$N_1P_2K_1$	12	865	17.7	3 168	2 001	2 948.85	2 418
$N_2P_1K_1$	10.4	445	22.1	3 168	2 502	1 895.25	3 001.5

（三）小麦田间试验

1. 试验时间和地点。 2007 年 10 月至 2008 年 5 月，在肥东县王铁乡联建村梁淑华承包田安排小麦作物“3414”肥效效应田间试验，试验田排灌方便，地块较平整，土壤肥力中等，代表面积 266.7 hm^2；前茬作物为水稻，产量为 8 250 kg/ hm^2。

2. 肥料施用。 按照试验方案，于 2006 年 10 月 25 日分小区施基肥，2007 年 2 月 27 日追施拔节肥 1 次。施肥方法：撒施。各处理施肥情况详见表 6－6。

表 6－6　小麦各处理施肥情况

处理编号	处理	基肥（kg/hm^2）			追肥（kg/hm^2）			
		N	P_2O_5	K_2O	N	P_2O_5	K_2O	其他肥料
1	$N_0P_0K_0$	0	0	0	0	0	0	0
2	$N_0P_2K_2$	0	67.5	60	0	0	30	0
3	$N_1P_2K_2$	52.5	67.5	60	52.5	0	30	0
4	$N_2P_0K_2$	105	0	60	105	0	30	0
5	$N_2P_1K_2$	105	33.75	60	105	0	30	0
6	$N_2P_2K_2$	105	67.5	60	105	0	30	0
7	$N_2P_3K_2$	105	101.25	60	105	0	30	0
8	$N_2P_2K_0$	105	67.5	0	105	0	0	0
9	$N_2P_2K_1$	105	67.5	30	105	0	15	0
10	$N_2P_2K_3$	105	67.5	90	105	0	45	0
11	$N_3P_2K_2$	157.5	67.5	60	157.5	0	15	0
12	$N_1P_1K_2$	52.5	33.75	60	52.5	0	30	0
13	$N_1P_2K_1$	52.5	67.5	30	52.5	0	15	0
14	$N_2P_1K_1$	105	33.75	30	105	0	15	0

3. 产量结果（表 6－7）。

表 6－7　试验各小区产量构成因素及实际产量

处理编号	处理	穗数（万穗/hm^2）	穗粒数（粒）	千粒重（g）	理论产量（kg/hm^2）	实际产量（kg/hm^2）
1	$N_0P_0K_0$	288	18.5	44.0	2 344.3	2 122.5
2	$N_0P_2K_2$	306	22.6	44.0	3 042.9	2 797.5
3	$N_1P_2K_2$	360	32.7	44.0	5 179.7	4 785
4	$N_2P_0K_2$	351	31.9	44.0	4 926.6	4 447.5
5	$N_2P_1K_2$	360	34.2	44.0	5 417.3	5 100

（续）

处理编号	处理	穗数（万穗/hm^2）	穗粒数（粒）	千粒重（g）	理论产量（kg/hm^2）	实际产量（kg/hm^2）
6	$N_2P_2K_2$	378	35.9	44.0	5 970.9	5 347.5
7	$N_2P_3K_2$	369	37.8	44.0	6 137.2	5 700
8	$N_2P_2K_0$	342	35.1	44.0	5 281.8	5 017.5
9	$N_2P_2K_1$	351	36.3	44.0	5 606.2	5 197.5
10	$N_2P_2K_3$	387	36.4	44.0	6 198.2	5 835
11	$N_3P_2K_2$	387	38.4	44.0	6 538.8	5 947.5
12	$N_1P_1K_2$	351	31.1	44.0	4 803.1	3 960
13	$N_1P_2K_1$	342	29.7	44.0	4 469.3	3 802.5
14	$N_2P_1K_1$	360	32.4	44.0	5 132.2	4 312.5

三、作物推荐施肥指标体系

通过大量的“3414”试验，在研究土壤养分与相对产量的相关性基础上，开展校验研究，以相对产量50%、75%和95%为标准，获得了主要农作物水稻、油菜、小麦作物的土壤养分丰缺指标。根据建立的不同农作物土壤养分丰缺指标，通过对每个试验点的产量与施肥量的回归分析，得到不同的肥料的效应函数。根据肥料效应函数，结合当地农民的施肥实际情况，得出了每个试验点的最佳施肥量。再根据不同种植作物和最佳施肥量，计算出不同肥力水平下的平均的推荐施肥量（表6-8至表6-10）。不同农作物氮素实行总量控制、分期调控，其中水稻在不同生育阶段氮肥用量基肥（40%～50%）、提苗肥（15%～20%）、分蘖肥（15%～20%）、穗肥（10%～15%），油菜在不同生育阶段氮肥用量基肥（60%）、提苗肥（10%）、抽薹肥（30%），小麦在不同生育阶段氮肥用量基肥（60%）、腊肥（25%）、返青肥（15%）。有机肥和磷肥全部做基肥施用，钾肥主要做基肥，部分可以作为追肥。

表6-8　水稻作物不同肥力水平下推荐施肥量

全氮（g/kg）	推荐施氮量（kg/hm^2）	有效磷（mg/kg）	推荐施磷量（kg/hm^2）	速效钾（mg/kg）	推荐施钾量（kg/hm^2）
<0.5	255～300	<5	75～98	<50	105～128
0.5～1.0	210～255	5～10	60～75	50～100	90～105
1.0～1.5	165～210	10～20	45～60	100～150	60～90

（续）

全氮 (g/kg)	推荐施氮量 (kg/hm²)	有效磷 (mg/kg)	推荐施磷量 (kg/hm²)	速效钾 (mg/kg)	推荐施钾量 (kg/hm²)
1.5～2.0	120～165	20～40	40～45	150～200	45～60
＞2.0	75～120	＞40	36～40	＞200	38～45

表 6-9　油菜作物不同肥力水平下推荐施肥量

全氮 (g/kg)	推荐施氮量 (kg/hm²)	有效磷 (mg/kg)	推荐施磷量 (kg/hm²)	速效钾 (mg/kg)	推荐施钾量 (kg/hm²)
＜0.5	300～375	＜5	105～135	＜50	135～180
0.5～1.0	255～300	5～10	90～105	50～100	105～135
1.0～1.5	210～255	10～20	60～90	100～150	75～105
1.5～2.0	120～210	20～40	45～60	150～200	60～75
＞2.0	45～120	＞40	30～45	＞200	45～60

表 6-10　小麦作物不同肥力水平下推荐施肥量

全氮 (g/kg)	推荐施氮量 (kg/hm²)	有效磷 (mg/kg)	推荐施磷量 (kg/hm²)	速效钾 (mg/kg)	推荐施钾量 (kg/hm²)
＜0.5	225～270	＜5	52～67	＜50	105～128
0.5～1.0	180～225	5～10	45～52	50～100	90～105
1.0～1.5	150～180	10～20	37～45	100～150	45～60
1.5～2.0	120～150	20～40	30～37	150～200	30～45
＞2.0	90～120	＞40	22～30	＞200	15～30

第二节　总量控制适期施肥技术研究

一、精准施肥配方的研发

（一）背景

近年来，随着现代农业的深入发展和国家对农业扶持力度的不断加大，精准农业在中国正受到前所未有的关注，它的出现对农业生产产生了巨大的推动作用。同时，精准施肥作为精准农业技术中的一个方向，为更多农业科技人员、农业生产管理者所重视。传统经验施肥简单、低效、易污染，难以适应当代世界形势所倡导的精准农业的新形势。由此，20 世纪 80 年代中期中国开展农业专家系统的开发研究，先后推出了中国科学院合肥智能机械研究所的“施肥专家系统”及中国农业科学院计算中心、作物科学研究所、植物保护研究所等单位的小麦、玉米、虫害防治、施肥、农业气象等专家系统，但与农业技术专家和地方农业实践结合不够紧密，影响了应用效果。因此，与各地方农业部门、农技人员结合开展农业信息化，推广精准施肥配方和精准配方肥专用肥料配方，将更快地推动精准施肥技术的研究与推广。

（二）养分资源综合管理

养分作为维持植物生长的重要物质，长期以来一直是粮食增产的重要保证[32]。然而，近年来随着人民经济收入和生活水平日益提高，人们只重视化肥养分的投入，而忽视了其他养分资源的利用，严重制约了养分资源的高效利用，同时也对生态环境产生了不利的影响[33]。由于化肥养分资源的投入不平衡，投入量过高以及忽视化肥以外其他养分对粮食作物增产的贡献，近年来粮食作物的化肥养分增产效应在逐渐下降[34]。养分资源综合管理就是在农业生态系统中综合利用所有自然和化工合成的植物养分资源，通过挖掘植物高效利用养分的遗传潜力和合理使用有机肥、化肥有关技术的综合运用[35-37]，协调系统养分投入与产出平衡、调节养分循环与利用强度，实现养分资源的高效利用，使经济效益、生态效益和社会效益相互协调的理论与技术体系[38-39]。其具体包括国家层次的养分资源宏观管理、养分资源高效利用的技术研究和养分资源的技术推广 3 个方面的内容。

（三）实时实地施肥

实时实地施肥技术是近 10 年来发展起来的一项精确变量施肥技术。目前，在我国中部地区应用面积逐步扩大，但在西南地区及贵州省才开始引进试用。实地实时施肥管理模式的要点是：依据土壤养分的有效供给量、作物产量和作物对养分的吸收量以及作物实际价格等参数经综合分析后为用户提供最为经济有效的施肥方案。彭少兵根据高产水稻单位面积含氮量及单位干重含氮量的变化特征，提出了应用特定的土壤与作物分析开发（SPAD）阈值进行水稻全程实时氮肥管理模式，试验证明这一模式简单易行，在菲律宾应用这一方法比农民习惯施肥法增产 12.5%，氮肥用量降低 14 kg/hm^2，氮肥农学利用率提高 57%，节氮效果明显，资源利用率明显提高。运用实时实地施肥管理模式，还可以探讨在水稻产量不降低甚至略有增加的前提下，降低氮肥施用量、提高氮肥利用率的可能性。

（四）精准施肥配方与智能配肥系统

随着全国各地测土配方施肥项目的深入开展，各项目县通过布置试验、采样化验等工作，获得了大量数据，也建立了各地地力评价、区域施肥配方等海量空间数据。因此，肥东县以安徽省测土配方施肥项目土壤养分和田间肥料试验大数据平台为背景，对县域施肥技术参数、作物高产吸肥规律和肥料效应进行系统性研究。以耕地地力调查、生产潜能评价为基础，重点探讨高产作物养分吸收规律和土壤养分空间变异特征，对省域或县域地形地貌、土壤类型、耕作制度和种植布局变化进行针对性研究，采用宏观控制区域配方、微观调节地块施肥用量等策略，完成了区域尺度和田间尺度主要农作物的精准施肥配方和精准配方肥专用肥料配方。为了充分利用这些数据得以更好地指导农业生产，推广了一系列养分查询管理、专家配方推荐施肥、一键下单生产配方肥等功能的终端服务平台，用户通过智能手机及微信、电脑等即可查询地块的土壤养分情况及专家推荐的配方施肥指导作物施肥，并可通过该系统直接将专家推荐的精准施肥配方一键下单，定制生产配方肥料，把经过科学精准配方肥料真正派送到农民手中。

二、总量控制适期施肥大田试验

（一）直播水稻

1. 供试地点。肥东县石塘镇阚东村张杨组洪兴强的承包田，东经 117°38′8″，北纬 31°54′45″，田块面积 0.084 hm^2；前茬作物品种：扬麦 13，产量水平在3 375 kg/hm^2。

2. 试验概况。试验田 2017 年 6 月 9 日划分各小区，用土作埂后再铺设薄膜，埂宽 0.4 m，高 0.3 m，然后按照试验要求施肥，再用铁耙耙匀，力求肥水均匀、畦面平整，无脚印。用 25%咪鲜胺浸种，2017 年 6 月 13 日播种，使用锐胜（70%噻虫嗪）拌种，播种量为 37.5 kg/hm^2；2017 年 6 月 26 日三叶期追肥；2017 年 7 月 12 日五叶期追肥；2017 年 8 月 29 日穗肥追施；2017 年 10 月 11 日理论测产，2017 年 10 月 23 日收获，各小区单打单收。

3. 供试肥料。尿素（46%）、过磷酸钙（12%）、氯化钾（60%）。

4. 供试土壤。土壤类型属于水稻土，中壤土壤。基本理化性质：pH 5.2，有机质 24.3 g/kg、全氮 1.52 g/kg、有效磷 8.6 mg/kg、速效钾 163 mg/kg。

5. 试验设计。本次试验共设置 4 个处理，3 次重复，每小区 30 m^2（7.5 m×4.0 m）。除施肥外，小区间要有明显的边界分隔，四周设置保护行。各小区其他田间管理措施相同。配方施肥量（纯量）为氮 14 kg/hm^2、磷 6 kg/hm^2、钾 8 kg/hm^2，磷肥作基肥一次性施入，氮、钾肥分期施入详见表 6－11 直播水稻各处理施肥情况。

处理 1：配方施肥无氮，施加磷钾。

处理 2：配方施肥无磷，施加氮钾。

处理 3：配方施肥无钾，施加氮磷。

处理 4：配方施肥氮磷钾。

表 6-11　直播水稻各处理施肥情况

编号	处理	基肥（kg/hm²）			提苗肥（kg/hm²）	分蘖肥（kg/hm²）		穗肥（kg/hm²）
		N	P	K	N	N	K	N
1	$N_0P_2K_2$	0	90	60	0	0	60	0
2	$N_2P_0K_2$	84	0	60	31.5	31.5	60	63
3	$N_2P_2K_0$	84	90	0	31.5	31.5	0	63
4	$N_2P_2K_2$	84	90	60	31.5	31.5	60	63

6. 直播水稻不同处理产量。从表 6-12 可以看出：氮肥对水稻产量结构因素影响最大，其次是磷肥。对每个处理实产进行方差分析，结果表明处理 3、处理 4、处理 2 与处理 1 产量差异达极显著性，处理 2、处理 3、处理 4 之间差异性不显著。

表 6-12　直播水稻各处理小区产量表

处理	小区产量（kg）					折合产量（kg/hm²）	产量位次
	南重复Ⅰ	中重复Ⅱ	北重复Ⅲ	合计	平均		
1	19.9	16.4	18.9	55.2	18.4	6 133.3	4
2	21.4	20.9	22.2	64.5	21.5	7 166.7	3
3	22.6	21.0	21.8	65.4	21.8	7 266.7	1
4	23.4	21.1	20.7	65.2	21.7	7 244.4	2

7. 经济效益分析。对 4 个处理的产量、产值（每公顷产量×单价）、肥料成本（肥料数量×单价）、纯收益（产值=肥料成本一追肥人工成本）、投产比（纯收益与肥料和用工成本比值）等指标列表（表 6-13）。

表 6-13　直播水稻各处理经济效益分析表

处理	产量（kg/hm²）	公顷产值（元）	每公顷肥料和用工投入（元）						纯收益（元/ hm²）	产投比
			基肥	追肥 1	追肥 2	追肥 3	追肥人工成本	合计		
1	6 133.3	15 947	927	0	360	0	90	1 377	14 570	11.6
2	7 166.7	18 633	814	170	530	340	270	2 124	16 509	8.8
3	7 266.7	18 893	1 021	170	170	340	270	1 971	16 922	9.6
4	7 244.4	18 835	1 381	170	530	340	270	2 691	16 144	7.0

注：纯氮（N）价格 5.4 元/kg，纯磷（P_2O_5）价格 6.3 元/kg，纯钾（K_2O）价格 6.00 元/kg，尿素价格 2.0 元/kg，水稻价格 2.60 元/kg。

（二）直播油菜

1. 供试地点。试验田安排在店埠镇陂塘村种植大户殷光旭家承包田中，地势平坦，排灌方便、肥力中等偏上。前茬作物为水稻，品种为徽两优 996，产量 9 000 kg/hm²，前茬施复合肥 45%（N∶P∶K=15∶15∶15）525 kg/hm²，追肥施尿素 150 kg/hm²。

2. 试验概况。2016 年 10 月 8 日对试验田采用“S”法多点采集土壤混合样品；2016 年 10 月 9 日对小区进行整地并划分小区，2016 年 10 月 10 日抽沟、整畦、施肥，2016 年 10 月 13 日播种，播种偏迟；人工撒播，每公顷播种量为 6 kg；2016 年 5 月 14 日理论测产，2016 年 5 月 26 日进行小区单收单打、实产。

3. 供试肥料。尿素（46%）、过磷酸钙（12%）、氯化钾（60%）。

4. 供试土壤。该试验田土壤类型属于水稻土，中壤土壤。基本理化性质：pH5.9、有机质 29.2 g/kg、全氮 1.56 g/kg、有效磷 9.61 mg/kg、速效钾 149 mg/kg、缓效钾 412 mg/kg。

5. 试验设计。试验共设无氮区、70%的优化氮区、优化氮区、130%优化氮区和 170%优化氮区等 5 个处理，3 次重复，随机区组排列，各处理小区长 7.5 m，宽 4.0 m，面积为 30 m²。各小区间抽沟，沟宽 0.3 m，重复间沟宽 0.45 m。处理小区及施肥图详见表 6－14。

表 6－14　试验内容及施肥量

试验标号	试验内容	处理	基肥（kg/hm²）			腊肥（kg/hm²）		抽薹肥（kg/hm²）
			N	P	K	N	K	N
1	无氮区	$N_0P_2K_2$	0	90	75	0	45	0
2	70%优化氮区	$N_1P_2K_2$	88.5	90	75	45	45	45
3	优化氮区	$N_2P_2K_2$	126	90	75	63	45	63
4	130%优化氮区	$N_3P_2K_2$	163.5	90	75	82.5	45	82.5
5	170%优化氮区	$N_4P_2K_2$	214.5	90	75	108	45	108

6. 产量结果。从表 6－15 中可以看出，产量最高的为处理 4，产量最低为处理 1，氮肥使用量越大，植株越高，氮肥施用到一定量，反而会减产。

表 6－15　不同处理小区的产量

处理	基本苗（万/hm²）	株高 cm	产量结构			理论产量（kg/hm²）	实际产量（kg/hm²）
			株角果数	角粒数	千粒重（g）		
1	33	119.5	84.2	13.3	3.43	1 267.6	933
2	34	137.1	133.3	16.7	3.43	2 596.1	2 167.5

（续）

处理	基本苗（万/ hm²）	株高 cm	产量结构			理论产量（kg/hm²）	实际产量（kg/hm²）
			株角果数	角粒数	千粒重（g）		
3	35	143.5	137.4	18.6	3.43	3 068.0	2 566.5
4	34	148.4	159.4	17.9	3.43	3 327.5	2 833.5
5	32	151.5	157.7	17.0	3.43	2 942.6	2 400

7. 经济效益分析。各处理与处理 1 空白对照增产最多的依次为处理 4、处理 3、处理 5 和处理 2，增幅分别为 203.8%、175.0%、157.2%和 132.4%；各处理与处理 3 优化氮区相比较增产由高到低依次为处理 4、处理 5、处理 2 和处理 1，增幅依次为 10.4%、−6.5%、−15.5%、−63.6%（表 6 - 16）。

表 6 - 16　经济效益分析表

处理	产量（kg/hm²）	产值（元/hm²）	每公顷肥料和用工投入（元）					纯收益（元/ hm²）	产投比
			基肥	追肥 1	追肥 2	人工成本	合计		
1	933	4 665	942	225	0	600	1 767	2 898	2.64
2	2 168	10 840	1 438	477	252	1 200	3 367	7 471	3.22
3	2 566	12 830	1 648	577.8	352.8	1 200	3 779	9 054	3.40
4	2 834	14 170	1 858	687	462	1 200	4 207	9 962	3.37
5	2 400	12 000	2 143	905	604	1 200	4 852	7 147	2.47

注：每个处理施一次肥折合人工 150 元/ hm²，按施肥次数计；油菜价格 5.00 元/kg。

（三）大棚辣椒

1. 供试地点。试验田位于牌坊乡民丰蔬菜专业合作社钢架塑料大棚内，东经 117°28′22.8″，北纬 31°57′12.8″；前茬作物为中籼稻，产量 8 250 kg/hm²，黄白土。

2. 试验概况。辣椒品种为芜湖薄皮椒，2016 年 3 月 2 日整地施肥，2016 年 3 月 8 日带土移栽，移栽时叶片数为 10.8 叶，株高 13.0 cm，茎粗 0.4 cm。行株距 45 cm×32 cm，每穴栽 1 苗，每区栽 150 株，每公顷种植 6 万株。2016 年4 月 16 日花蕾期一次追肥并人工除草，2016 年 5 月 20 日二次追肥并人工除草。2016 年5 月 19 日开始采椒。

3. 试验处理与设计。①NK（不施化学磷肥），②NP（不施化学钾肥），③PK（不施化学氮肥），④70%- N（70%优化施氮量），⑤优化- N（优化施氮量），⑥130%- N（130%优化施氮量）。

4. 肥料施用量与施用方法。优化施氮处理为施氮（N）450 kg/hm²，其余处理在此基础上计算。施磷肥（P_2O_5）225 kg/hm²，钾肥（K_2O）450 kg/hm²，硼砂 15 kg/hm²，硫酸锌 30 kg/hm²。氮肥 50%、钾肥 70%和全部磷肥、硼砂基施；氮肥 20%、钾肥 30%于开花期追施；氮肥 30%于坐果期追施。小区面积 20 m²，3 次重复。所有处理辣椒季均不施有机肥。氮肥用尿素，磷肥用过磷酸钙，钾肥用硫酸钾（表 6-17）。

表 6-17　试验小区肥料施用量（g）

处理	基肥					追肥 1		追肥 2
	尿素	过磷酸钙	硫酸钾	硼砂	硫酸锌	尿素	硫酸钾	尿素
PK	0	3 748	1 260	30	60	0	540	0
70%-N	684	3 748	1 260	30	60	274	540	411
优化-N	978	3 748	1 260	30	60	391	540	587
130%-N	1 271	3 748	1 260	30	60	508	540	763
NK	978	0	1 260	30	60	391	540	587
NP	978	3 748	0	30	60	391	0	587

5. 施肥及氮肥用量对辣椒产量的影响。从表 6-18 可以看出，不施化学氮肥处理产量最低，为 10 783 kg/hm²。随着氮肥量的增加，辣椒的产量也随之增加，130%-N 产量最高，产量为 28 517 kg/hm²，优化-N 的辣椒产量次之，比 130%-N 处理减少 135 kg/hm²，降低 0.47%。同时 70%-N 总产量为 27 416 kg/hm²，70%优化施氮量、优化施氮量、130%优化施氮量产量相差不大，这也说明了氮肥施用促进辣椒产量的提高，但是过量的氮肥施用对产量提高没有影响。不施化学钾肥 21 801 kg/hm²，不施化学磷肥 23 383 kg/hm²，这表明了氮肥对辣椒产量的影响最大，钾肥次之。不同肥料的辣椒产量顺序：NK>NP>PK。

表 6-18　不同施肥及氮肥施用量下每个小区辣椒的产量（kg）

处理	产量 1	产量 2	产量 3	产量 4	产量 5	产量 6	产量 7	产量 8	总计
NK	1 967	1 917	3 283	5 250	3 683	3 350	1 833	2 100	23 383
NP	2 400	1 500	3 517	4 317	3 767	3 250	1 700	1 350	21 801
PK	317	833	1 400	3 117	1 550	1 667	900	1 000	10 784
70%-N	2 933	2 583	4 800	6 383	4 467	1 950	2 017	2 283	27 416
优化-N	3 550	2 333	4 833	6 483	4 267	2 050	2 333	2 533	28 382
130%-N	3 117	1 917	4 433	5 483	4 617	4 200	2 233	2 517	28 517

6. 施肥及氮肥用量对辣椒养分吸收的影响。比较分别不施氮、磷、钾肥处

理的养分含量，氮含量以 PK 处理中最低，NK 处理最高；NK 的磷含量较高，而 NP 含量最低；NK 含钾量最高，NP 中钾的含量最低。这说明了钾肥是影响辣椒体内磷钾含量的重要因素。对于氮磷钾养分积累量，NK 处理 N、P_2O_5 和 K_2O 积累量均最高，分别比 PK 处理高出 182.5%、106.5%和 111.2%，反映了氮肥对氮磷钾养分积累的重要性，氮肥促进辣椒体内的氮磷钾养分的积累。对比不同施氮量之间氮磷钾含量，随着施氮量的增加，辣椒体内含氮量也随之增加。磷的含量呈现出随着施氮量增加而逐渐降低，不施氮 PK 处理的磷含量最高。钾含量变化趋势与磷的相似。对于氮素营养积累，随着施氮量增加，辣椒对氮素营养的积累也逐渐增加，130%-N 的氮素积累量最高。磷和钾的积累量变化一致，PK 处理最低，70%-N 磷钾积累量最高，比优化-N 分别高出 6.85%和 13.56%（表 6-19）。

表 6-19　不同施肥及氮肥施用量下辣椒的养分吸收量和养分累积量

处理	养分吸收量			每小区养分累积量		
	氮（g/kg）	磷（g/kg）	钾（g/kg）	氮（kg）	磷（kg）	钾（kg）
NK	2.75	0.36	3.52	64.35	19.12	99.17
NP	2.23	0.25	2.41	48.61	12.43	63.39
PK	1.90	0.34	3.26	22.78	9.26	46.96
70%-N	2.37	0.32	3.34	64.84	20.28	110.39
优化-N	2.42	0.29	2.84	68.63	18.98	97.21
130%-N	2.53	0.28	2.80	72.00	18.35	96.16

7. 施肥及氮肥用量对辣椒品质的影响。在分别不施氮、磷、钾肥的处理之间，PK 处理的维生素 C 含量最高，NK 处理维生素 C 含量最低，每 100 g 只有 25.50 mg。对于还原性糖，以不施磷肥（NK）处理含量最高，不施钾肥处理最低。不同施氮量之间，70%-N 处理维生素 C 含量最高，130%-N 处理最低，当施氮量高于 70%后，维生素 C 含量随着施氮量的增加而逐渐降低，说明较多的氮量不利于辣椒体内维生素 C 含量积累。不施氮肥处理的还原性糖含量最高，随着施氮量增加，还原性糖含量随之降低，当含氮量高于 130%还原性糖含量又升高。

8. 施肥及氮肥用量对辣椒经济效益的影响。对于分别不施氮、磷、钾肥的 3 个处理，NK 处理的产值最高，扣除化肥成本后净收益也最高；而 PK 处理产值最低，扣除肥料成本收益最低。这表明了施氮肥有利于提高辣椒的经济效益，这主要由于施入氮肥有效提高了辣椒的产量，而施用氮肥处理的成本较磷、钾肥均较低，从而提高了辣椒的净收益。在不同施氮量之间，优化-N 处理的辣椒产值最高，比不施氮肥处理高出 175.34%。扣除肥料成本，优化-N 处理的辣椒净收益最高为 5.43 万元/hm^2，分别比 70%-N 和 130%-N 处理增收 0.2 万元/hm^2 和 0.08 万元/hm^2，高出 3.8%和 1.5%。当施氮量超出优化施肥量时净收益之降低，但 3 个处理之间净收益差异较小。

三、分区总量控制适期施肥标准

（一）各分区总量控制标准

肥东县属于江淮丘陵区，境内地势起伏变化明显，加之农民施肥习惯相差甚远，导致三大分区土壤养分变化明显。根据大量的田间试验，利用县域耕地资源管理信息系统，制作土壤养分分区图，同时依托安徽农业大学资源与环境学院的技术支撑，把整个肥东县养分配方进行了整理，进行区域配方，并组织专家对配方进行了研究修订。各分区总量控制标准见表 6-20。

表 6-20　肥东县各分区总量控制标准

作物	适用区域	控制用量（kg/hm^2）		
		氮	磷	钾
油菜	南部	110	90	90
	中部	140	72	78
	东北部	135	60	90
小麦	南部	130	36	54
	中部	140	60	80
	东北部	140	48	90
水稻	南部	112	54	68
	中部	115	45	68
	东北部	150	48	72

（二）各分区推荐肥料品种

各分区推荐肥料品种见表 6-21。

表 6-21　肥东县各分区推荐肥料品种

作物	适用区域	肥料类型
油菜	南部	农家肥、配方肥（15-15-15）、尿素、过磷酸钙、氯化钾、硼砂
	中部	农家肥、配方肥（20-12-13）、尿素、过磷酸钙、氯化钾、硼砂
	东北部	农家肥、配方肥（20-10-15）、尿素、过磷酸钙、氯化钾、硼砂

（续）

作物	适用区域	肥料类型
小麦	南部	农家肥、配方肥（25-8-12）、尿素、过磷酸钙、氯化钾、硫酸锌
	中部	农家肥、配方肥（20-10-10）、尿素、过磷酸钙、氯化钾、硫酸锌
	东北部	农家肥、配方肥（22-8-15）、尿素、过磷酸钙、氯化钾、硫酸锌
水稻	南部	农家肥、配方肥（18-12-15）、尿素、过磷酸钙、氯化钾
	中部	农家肥、配方肥（20-10-15）、尿素、过磷酸钙、氯化钾
	东北部	农家肥、配方肥（25-8-12）、尿素、过磷酸钙、氯化钾
蔬菜	瓜果类	商品有机肥、尿素、过磷酸钙、氯化钾
	叶菜类	商品有机肥、尿素、过磷酸钙、氯化钾

注：配方肥的15-15-15代表N：P：K=15：15：15，后同。

（三）各分区总量控制适期施肥标准

各分区总量控制适期施肥标准见表6-22至表6-30。

表6-22　肥东县南部滨湖平原油菜施肥标准

施肥时期	基肥	腊肥	抽薹肥
氮磷钾	复合肥（N：P：K=15：15：15）360 kg/hm^2，过磷酸钙225 kg/hm^2	尿素60 kg/hm^2，氯化钾60 kg/hm^2	尿素60 kg/hm^2
有机肥	商品有机肥1 050 kg/hm^2，或农家肥18 000 kg/hm^2，或水稻秸秆全量腐熟还田		
硼肥	硼砂12 kg/hm^2		

表6-23　肥东县中部地区油菜施肥总量控制

施肥时期	基肥	腊肥	抽薹肥
氮磷钾	复合肥（N：P：K=20：12：13）360 kg/hm^2，过磷酸钙180 kg/hm^2	尿素60 kg/hm^2，氯化钾50 kg/hm^2	尿素90 kg/hm^2
有机肥	商品有机肥900 kg/hm^2，或农家肥16 000 kg/hm^2，或水稻秸秆全量腐熟还田		
硼肥	硼砂15 kg/hm^2		

表6-24　肥东县东北部地区油菜施肥总量控制

施肥时期	基肥	腊肥	抽薹肥
氮磷钾	复合肥（N：P：K=20：10：15）360 kg/hm^2，过磷酸钙150 kg/hm^2	尿素60 kg/hm^2，氯化钾60 kg/hm^2	尿素75 kg/hm^2
有机肥	商品有机肥750 kg/hm^2，或农家肥15 000 kg/hm^2，或水稻秸秆全量腐熟还田		
硼肥	硼砂15 kg/hm^2		

表 6－25　肥东县南部滨湖平原小麦施肥标准

施肥类型	基肥	腊肥	返青肥
氮磷钾	配方肥（N∶P∶K＝25∶8∶12）270 kg/hm²，过磷酸钙 90 kg/hm²	尿素 75 kg/hm²，氯化钾 36 kg/hm²	尿素 60 kg/hm²
有机肥	商品有机肥 1 050 kg/hm²，或农家肥 18 000 kg/hm²，或水稻秸秆全量腐熟还田		
锌肥	硫酸锌 18 kg/hm²		

表 6－26　肥东县中部波状平原小麦施肥标准

施肥时期	基肥	腊肥	返青肥
氮磷钾	复合肥（N∶P∶K＝20∶10∶10）360 kg/hm²，过磷酸钙 150 kg/hm²	尿素 75 kg/hm²，氯化钾 70 kg/hm²	尿素 75 kg/hm²
有机肥	商品有机肥 900 kg/hm²，或农家肥 16 000 kg/hm²，或水稻秸秆全量腐熟还田		
锌肥	硫酸锌 22 kg/hm²		

表 6－27　肥东县东北部地区小麦施肥总量控制

施肥时期	基肥	腊肥	返青肥
氮磷钾	复合肥（N∶P∶K＝22∶8∶15）360 kg/hm²，过磷酸钙 120 kg/hm²	尿素 70 kg/hm²，氯化钾 60 kg/hm²	尿素 75 kg/hm²
有机肥	商品有机肥 750 kg/hm²，或农家肥 15 000 kg/hm²，或水稻秸秆全量腐熟还田		
锌肥	硫酸锌 25 kg/hm²		

表 6－28　肥东县南部滨湖平原水稻施肥标准

施肥时期	基肥	提苗肥（三叶期）	分蘖肥（五叶期）	穗肥
氮磷钾	复合肥（N∶P∶K＝18∶12∶15）200 kg/hm²，过磷酸钙 185 kg/hm²	尿素 60 kg/hm²	尿素 45 kg/hm²，氯化钾 60 kg/hm²	尿素 60 kg/hm²
有机肥	商品有机肥 750 kg/hm²，或农家肥 15 000 kg/hm²，或小麦（油菜）秸秆全量腐熟还田			

表 6－29　肥东县中部地区水稻施肥总量控制

施肥时期	基肥	提苗肥	分蘖肥	穗肥
氮磷钾	复合肥（N∶P∶K＝20∶10∶15）200 kg/hm²，过磷酸钙 155 kg/hm²	尿素 60 kg/hm²	尿素 40 kg/hm²，氯化钾 60 kg/hm²	尿素 60 kg/hm²
有机肥	商品有机肥 600 kg/hm²，或农家肥 13 000 kg/hm²，或小麦（油菜）秸秆全量腐熟还田			

表 6－30　肥东县东北部地区水稻施肥总量控制

施肥时期	基肥	提苗肥	分蘖肥	穗肥
氮磷钾	复合肥（N：P：K＝25：8：12）270 kg/hm²，过磷酸钙 165 kg/hm²	尿素 65 kg/hm²	尿素 65 kg/hm²，氯化钾 65 kg/hm²	尿素 50 kg/hm²
有机肥	商品有机肥 450 kg/hm²，或农家肥 12 000 kg/hm²，或小麦（油菜）秸秆全量腐熟还田			

第七章　水肥一体化技术

我国水资源严重短缺，水利部公布的2014年水资源公报显示，我国水资源人均量只有2 100 m³，仅为世界平均水平的28%左右，是全球人均水资源最贫乏的国家之一。自2005年以来，我国水肥一体化技术普及程度越来越高。“有收无收在于水，收多收少在于肥”，可见发展水肥一体化等节水灌溉农业，实现水分供应和水肥耦合，对于作物的优质、高产、高效具有重要作用。随着我国节水农业和现代农业的发展，水肥一体化技术的推广与应用已经成为必然趋势。肥东县地处江淮分水岭地带，属典型的低山丘陵地貌类型，总的地势呈北高南低，县域内雨水适中，但分配不均，干旱是农业生产的主要障碍因素之一。县域内农业用水资源紧张，施肥不合理、大水漫灌造成了肥东县的水肥资源浪费，利用率不高，严重地影响和制约了肥东县农业生产的发展。近年来，肥东县农业部门为了提高水肥资源的利用率，也在逐步地探索开展水肥一体化技术推广示范，逐步来实现经济作物水肥同步管理和高效利用。

第一节　水肥一体化的技术条件

一、水溶性肥料的发展

（一）水溶性肥料的类别

根据水溶性肥料养分形态，水溶性肥料可以分为固体水溶性肥料和液体水溶性肥料两大类。固体水溶性肥料主要包括粉状和颗粒状，其养分含量较高，储存运输方便，对包装要求不严格，但有效成分低、杂质相对高、溶解性能相对较差。液体水溶性肥料主要包括清液型和悬浮型，其水溶性好，施用方便，与农药等混配性好，但养分含量受限，运输、储存不便，对包装要求也较高。按养分种类水溶性肥料可分为大量元素水溶性肥料、中量元素水溶性肥料、微量元素水溶性肥料和复合水溶性肥料，这种分类方法在国际上比较普遍。按照生产工艺，水溶性肥料主要分为物理混配型和化学合成型两种。物理混配型生产工艺技术相对简单，通过物理混配工艺生产的产品，各原料的纯度已经确定，导致即使水溶性肥料中很少甚至没有杂质或水不溶物，在灌溉水的硬度较大、钙镁杂质较多时，一定的酸度条件下也会生成钙、镁沉淀。此外，由于物理混配型水溶性肥料采用的原料形状、粒度、色泽等参差不齐，因此要严格控制其产品外观性状。化学合成型生产工艺技术复杂，要实现全化学反应，必须在生产系统的液相中进行。化学合成型水溶性肥料难点在于合成反应过程，两相、三相甚至更多相的循环溶液在低温冷却结晶过程中会出现共结晶现象，易形成较为复杂的复盐，导致产品氮、磷、钾养分含量出现波动，进而使得通过化学反应析出的产品配比与配方差异很大。

（二）产业发展

水溶性肥料在20世纪60年代就开始出现，当时农业生产中普遍施用的氨水就是非常好的一种水溶性肥料，但由于受限于施用设备不足，机械化施肥程度低，无法得到进一步推广。20世纪80年代，水溶性叶面肥料发展迅速，产品由单一无机盐的简单混溶体系发展为养分、助剂等组分的复合体系。2005年以后，随着我国水肥一体化技术推广的快速发展，水溶性肥料产业也进入快速发展时期，表现在肥料品种名录繁多，新产品不断涌现。2009年农业部颁布了全水溶性肥料登记标准，并大力推广水肥一体化技术，率先进入这个行业的中小企业崭露头角，大企业也开始跻身于水溶性肥料行业，投资水溶性肥料的原料生产，增加原料供给，使得水溶性肥料产品价格日趋走向平民化。

（三）发展的趋势与挑战

1. 大量元素水溶性肥料的原料化。大量元素水溶性肥料趋于原料化供应。我国大量元素固体水溶性肥料大多采用物理混配而成，而随着我国土地流转及规模化种植的发展，规模化种植户侧重于产品的性价比，且农化知识水平较一般农户高，使种植户开始理性对待大量元素水溶性肥料，因此在水肥一体化应用过程中其侧重于采购性价比高的产品或者直接采购水溶性肥料原料，按照特定比例混配进行施用。随着规模化、集约化程度越来越高，成本低的水溶性基础原料肥市场将进一步扩大。

2. 药肥结合。药肥即将药、肥合二为一的一种新产品。药肥其实是一种功能性肥料，即可以为农作物提供营养，又可以抑制农作物病虫害或调节作物生长发育。药肥按其功能分为两种，一是除草专业肥，是在氮磷钾中添加除草剂如草胺乳油等；二是除虫专业肥，如在氮磷钾中加入杀虫剂如丁硫克百威、吡虫啉。农药和化肥在一定程度上合二为一是农资行业未来发展的必然趋势。我国药肥一体化起步较晚，处于发展初期，应该把肥料和农药有机结合起来，提高产品自身价值，打响品牌知名度。

3. 新产品驱动市场的效益化。目前复合水溶性肥料除了本身提供大量、中微量元素之外，还在功能上进行扩展，譬如在改良盐碱土方面，可以考虑在肥料中添加pH较低的肥料，如磷酸脲，液体水溶性肥料中可以考虑酸性介质配方。

企业从做产品品质的角度出发，在水溶性肥料中添加磷酸二氢钾、硝酸钾这类高水溶、高养分、高价格的产品，使得产品在市场上的销售范围很窄，仅限于一些高端的经济作物，不利于水溶性肥料的推广。在磷源的选择上可以考虑湿法磷酸工艺的工业级磷酸一铵，钾源上考虑水溶性较好的硫酸钾或氯化钾。

二、节水灌溉的发展

（一）节水灌溉农业

节水灌溉农业是从灌水技术、灌溉制度和灌溉管理上力求节水，达到水资源的高效利用。中国是一个农业大国，在巨大的人口压力和快速工业化的过程中，水资源的供需矛盾进一步加大，很多地区水资源的开发利用程度已经超过了环境的承载能力。在“十三五”的农业发展规划中，我国明确提出了节水的农业政策和措施。2015 年 5 月 20 日农业部印发的《全国农业可持续发展规划（2015—2030 年）》已将节水农业的发展目标细分到 2030 年。在政府的指导下，节水灌溉农业势必成为我国农业的发展趋势。

（二）微灌系统

水肥一体化是将水分和养分结合在一起，可以通过漫灌、沟灌、畦灌、喷管和滴灌系统应用。节水灌溉是促进水肥一体化技术发展的一个重要条件。当前水肥一体化技术主要是利用微灌系统（滴灌、喷灌等）和施肥装置而实现（图 7－1、彩图 7－1）。微灌系统可以按照作物的需要和气候条件精准调控灌水量、灌水时间以及养分的数量和浓度，不但可以实现水肥资源的集约利用，还可实现作物产量和品质最优组合，提高农作物的产量和品质。

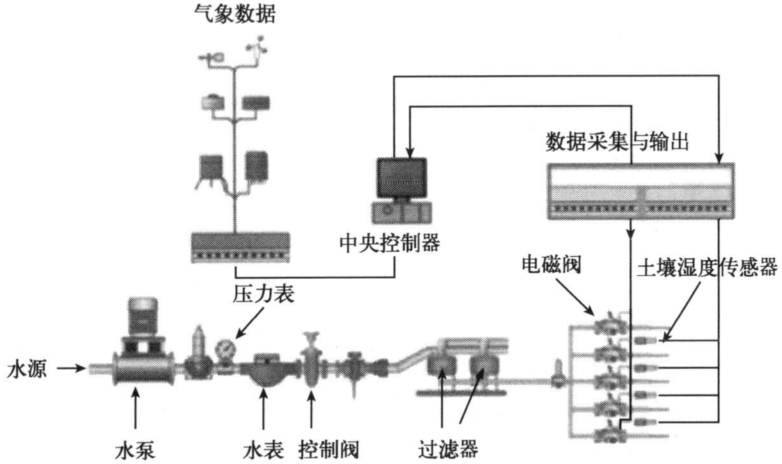

图 7－1　微灌系统组成示意图

（三）存在的问题

我国农业节水灌溉总体还处于初级阶段，灌排设施整体标准比较低，老化失修严重，水资源利用水平不高；节水在人们的意识里多为节约生活用水，浪费水资源更严重的农业用水却往往被忽视，很多农民不知道水资源缺乏的严重性；现行的水管理制度还存在着诸多问题，不能完全地适应新时期的治水需求；我国现行的耕地制度是生产责任制，然而，有些节水措施却与这种分散种植没有集中管理的制度有所冲突。譬如，喷灌技术是一种适用于各种作物和地形的节水灌溉技术，然而这种技术受风的影响比较大，由此，土地分散势必会对微灌技术的推广起到限制作用。

三、土壤墒情监测

（一）监测方法

随着全球气候变化加剧，我国旱灾频发重发，干旱缺水问题日益突出。为应对旱灾威胁，促进农业发展方式转变和农业可持续发展，需要做好土壤墒情监测工作。目前，肥东县共有10个土壤墒情监测点和1个土壤墒情固定监测站及1个小型气象站。每个监测点基本上有1台烘箱、天平、铝盒、环刀、取土工具、电脑等设备，每个监测点都有1～2名专职监测人员，并实行站长负责制，每年都对全县监测人员进行培训并召开一次全县土壤墒情监测工作会议。土壤墒情监测以常规烘干法为主，以土壤速测法为辅；按照省站要求，每月3日、10日、18日和25日定期开展土壤墒情监测，下雨上报降雨量，按0～20 cm、20～40 cm分层取样并计算自然含水量，然后用计算出的自然含水量和土壤田间持水量相比得出相对含水量。最终根据计算结果上报自然含水量和相对含水量。

（二）2018年监测结果

为提高监测数据的时效性，依据墒情监测实施方案的要求，肥东县土壤墒情监测站建立严格的数据上报和档案管理制度，保证监测数据的系统性、时效性，为确保监测数据和资料的完整性，监测点由专人对监测点的基础报表、景观照片、监测记录表、汇总表、分析报告等相关资料归档保存，为监测数据的年终总结及监测数据动态分析提供连续性的资料。2018年肥东县土壤墒情监测结果见图7-2、彩图7-2。

（三）土壤墒情监测预报系统

墒情监测预报系统主要包括土壤墒情数据无线获取与定位、土壤含水量变化曲线图、墒情的分析与判断、墒情信息的短信查询、土壤墒情分布影像图、BP（误差反向传播算法）神经网络墒情预报等功能。该系统可及时、准确、自动地提供监测点的土壤墒情状况，为抗旱减灾提供了重要的基础信息。与传统烘干法相比，具有速度更快、结果更准、功能更全面等优点。

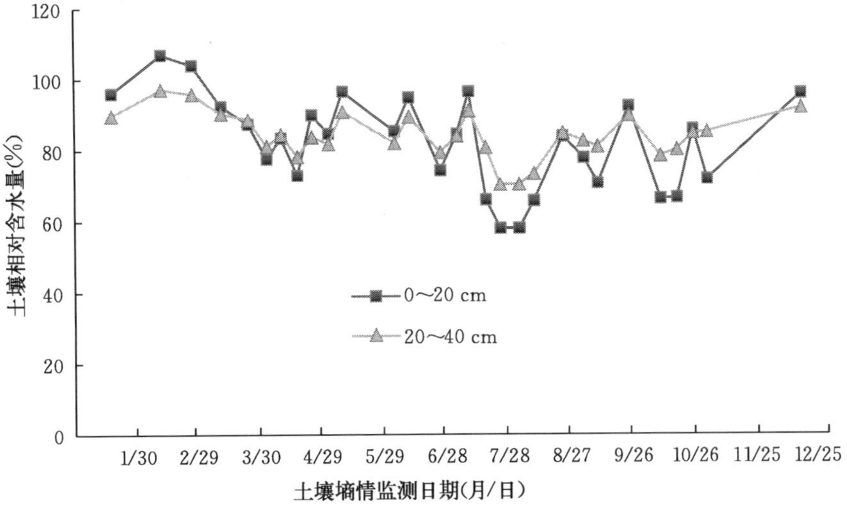

图 7-2　2018 年肥东县土壤墒情走势图

第二节　肥东县水肥一体化技术模式与发展建议

一、农作物水肥利用现状

（一）大宗作物施肥用水现状

肥东县主要大宗作物常年种植面积约 15 万 hm^2，施肥方式多采用穴施与撒施后翻耕，90%以上的农户选用配方肥或复合肥作为基肥，尿素作为追肥，碳铵、过磷酸钙等低浓度单质肥料逐渐被淘汰。调查发现很少有农户施用有机肥、微肥，多数农户整个生育期只追施一次肥料，50%的农户追肥方式采用雨后撒施，50%的农户采用穴施，作物用水主要采取放水漫灌和提水浇灌。

（二）蔬菜施肥现状用水现状

肥东县常年种植蔬菜面积约 2 万 hm^2，其中大棚蔬菜约 0.3 万 hm^2，露地蔬菜种植面积较大，多数施肥是以传统施肥方式为主。本次调查的部分蔬菜施肥情况，香葱平均施肥量（折纯*）为氮肥 0.95 kg/hm^2、磷肥 0.21 kg/hm^2、钾肥 0.25 kg/hm^2，白菜平均施肥量（折纯）为氮肥 1.12 kg/hm^2、磷肥 0.53 kg/hm^2、钾肥 0.53 kg/hm^2，番茄平均施肥量（折纯）为氮肥 0.94 kg/hm^2、磷肥 0.88 kg/hm^2、

* 折纯是指每个化肥的养分以 N、P_2O_5、K_2O 质量百分数计算相加后的数值。

钾肥 0.88 kg/hm^2。所用肥料品种均为高浓度的复合肥，有近 50%的农户施用农家肥，多数农户根据作物特性采用不同的施肥方式，如番茄、香葱采用穴施的追肥方式，白菜采用撒施的追肥方式，能根据作物的需肥特性进行分期施肥。露地蔬菜用水主要采取浇灌，多数农户还是采用传统施肥用水方式，水肥利用率不高。

二、水肥一体化主要技术模式

（一）滴灌水肥一体化模式

滴灌水肥一体化模式主要应用在大棚瓜果类蔬菜上。如肥东县田丰农业专业合作社大棚蔬菜应用面积 53 hm^2，安徽玖之蓝蓝莓科技有限公司的蓝莓生产也采用了滴灌水肥一体化技术。该技术主要通过低压管道系统与安装在毛管上的滴头，将溶液均匀缓慢地滴入作物根区土壤，滴灌施肥不会破坏土壤结构，渗漏损失小。该技术可使水的利用率达 90%以上，节约肥料约 30%左右，同时该项技术能够不受地形限制，在有一定坡度的坡地使用不会产生径流影响灌溉施肥均匀性，特别适合肥东县丘陵地貌类型推广。

（二）微喷灌水肥一体化模式

微喷灌水肥一体化模式主要应用在大棚叶菜类蔬菜上。如肥东县金色大地蔬菜专业合作社蔬菜生产基地 35 hm^2，肥东县丰宝种养殖有限责任公司建设蔬菜生产基地 43 hm^2 都采用了微喷灌技术。微喷灌技术可以在降低水分蒸发飘逸损失的同时减小滴灌施肥系统的堵塞对过滤器的要求较低，有利于推广应用。缺点是易受田间杂草、作物茎秆的阻挡影响灌溉效果，应根据作物条件选择合适的微喷系统。

（三）膜下滴灌水肥一体化模式

肥东县牌坊乡大棚蔬菜生产基地大都采用了膜下滴灌技术，面积达 260 hm^2 以上。覆膜可以在滴灌节水的基础上减少水分蒸发，提高地温，利于出苗，抑制杂草生长，从调查生产实践来看，能够有效克服蔬菜大棚由于水分蒸发后肥料盐分残留地表，产生土壤盐渍化现象，能有效减缓土壤表层盐分的积累。

三、水肥一体化技术发展建议

（一）技术发展现状

肥东县水肥一体化技术近年来主要是在设施栽培上应用，大田粮食生产很少应用。随着蔬菜专业合作社和其他形式的蔬菜生产基地的增加，全县的设施栽培面积同步增长，特别是新增设施蔬菜大棚，多数配套安装了水肥一体化栽培设施，部分果园也应用了水肥一体化技术，全县蔬菜大棚和部分果园应用水肥一体化技术面积达 1 000 hm^2 以上。为了加快这项技术的推广应用，近年来肥东县逐步探索选准推广工作的切入点，充分利用现代农业示范园区建设项目，以实行项目带动、资金扶持、技术指导等措施为突破口，首先在农业示范园区内开展水肥一体化技术的推广应用示范，逐步地实现向蔬菜专业合作社、蔬菜种植基地、种植大户的技术推广。肥东县依托白龙现代农业示范园区，利用肥东县丰宝种养殖有限责任公司和肥东县金色大地蔬菜专业合作社两家蔬菜基地生产企业的设施栽培开展了辣椒、番茄、草莓等的水肥一体化技术推广应用，示范作物节约农业生产用水达 50%以上，肥料的利用率大幅度提高，特别是为肥东县水资源紧缺、肥料利用率低两大突出问题找到了一个良好的解决途径。通过实践蔬菜种植平均每公顷节约用肥投入成本约3 000多元，实现节本增收 7 500 元以上，收入显著提高，企业通过实践对水肥一体化技术认可度较高，今年所有参与示范推广的企业还将进一步扩大大棚水肥一体化应用面积。

（二）发展方向

1. 研究制定本地技术模式。肥东县的区位优势十分明显，随着肥东县产业结构的调整，设施农业、特色种植面积将会逐步地扩大，能够充分利用省会科研院所的技术优势，紧紧围绕现代农业的发展目标，建立生态文明的现代农业，突出重点区域和主要作物，确定主推技术模式和创新工作方法，着力推进水肥一体化技术本土化、轻型化和产业化发展。水肥一体化涉及农田水利、灌溉、肥料、栽培、土壤等众多学科。通过综合分析肥东县的土壤、水利、气象、作物的生长特点以及合理的肥料搭配，首先在重点区域和优势作物上做好技术模式的选择和集成创新，开展不同灌溉方式、灌水量、施肥量等的对比试验[40]，摸索出技术参数，制定出本地区主要作物水肥一体化技术模式下的灌溉制度和施肥方案，形成本地主要作物水肥一体化技术规程，提高针对性和可操作性。

2. 开展示范展示和技术培训。结合现代农业示范区建设和已建成的水肥一体化栽培设施，选择有代表性、交通便利的区域开展试验示范，除蔬菜设施栽培开展试验示范外，注重加强对露地经济作物、果树等的试验示范，特别要充分地利用肥东县丘陵地带的地貌特征，开展重力自压水肥一体化试验与示范，以降低投入成本，发展本地特色，扩大推广面积。通过示范，竖立标牌，展示同田对比效果，在关键农时季节组织农户现场观摩，积极开展技术培训、田间学校，对农户进行水肥一体化技术培训，提高农民节水意识、水肥耦合技术，改变不合理的灌溉和施肥习惯，加快水肥一体化技术在肥东县的推广应用。

3. 构建完善推广服务体系。水肥一体化技术在肥东县发展时间不长，技术覆盖面有限，主要还是在大棚蔬菜等经济作物上应用，粮食作物发展受成本和规模等因素的限制，市场能提供的设备、水溶性肥料品种不能满足农户的实际需求。因此，还需要充分发挥土肥部门技术优势，强化服务意识，提高专业技术水平和服务指导能力。积极争取行政部门的支持、项目资金的支持，建立水肥一体化补贴机制，鼓励引导相关企业、农民专业合作社和种植大户等参与水肥一体化示范建设，利用各方力量构建政府推动、科研支持、技术保障、企业参与、合作组织相协作的服务推广体系。

（三）存在问题及建议

水肥一体化技术在肥东县发展时间不长，技术覆盖面有限，配套服务体系还有待于进一步完善，主要存在问题有：第一，目前肥东县水肥一体化技术主要还是在大棚蔬菜等经济作物上应用，粮食作物发展由于受成本和规模等因素的限制，推广难度很大。第二，水肥一体化的灌溉技术和施肥技术涉及多学科交叉，综合型的专门技术人才比较缺乏。第三，市场能提供的设备、水溶性肥料品种不能满足要求，服务跟不上。建议：一是企业加快研制适合不同地区性价比高的灌溉施肥设备，降低投资成本，有利于大面积推广。二是本地企业应积极参与开发研制高端的全水溶肥料产品，增加水溶性肥料品种，满足本地市场需求。三是建立完善的售后服务和推广服务体系。

第三部分

肥东县高标准农田建设与耕地管理

第八章　中低产地改良与高标准农田建设

中低产地改良是为改变中低产地的不良性状，恢复或提高土地生产力，为植物生长创造良好环境而采取的各种措施的总称。高标准农田建设是为改善或消除主要制约因素，全面提升农田质量，在农村土地整治重点区域、基本农田保护区、基本农田整备区等开展的土地平整、土壤改良、灌溉与排水、田间道路、农田防护与生态环境保持、农田输配电以及其他工程建设，并保障其高效利用的土地整治活动，通过农村土地整治建设形成集中连片、设施配套、高产稳产、生态良好、抗灾能力强，与现代农业生产和经营方式相适应的旱涝保收、高产稳产的基本农田。

第一节　中低产地改良

一、中低产地的划分

（一）划分的原则和依据

依据耕地地力评价因子的选取原则，经专家组充分讨论，同时结合肥东县土壤和农业生产等实际情况，从全国共用的地力评价因子总集中选择 21 个评价因子作为肥东县的耕地地力评价因子，调查汇总了近 5 000 个土壤样本信息和农户施肥信息。采用土壤图、土地利用现状图和行政区划图叠置划分法，通过图件的叠置、检索以及合并图斑，将肥东县耕地地力共划分为 5 119 个评价单元，再对每个因子进行权重打分，最后利用累积曲线法确定耕地地力划分等级，明确了中低产田的类型、分布及改良措施。

通过查阅研究以往中低产田地类型划分相关资料，坚持科学、系统、简明、实用的原则，明确主要障碍因素，以土壤改良为最终目标，全面系统地对肥东县中低产田地类型进行划分。

（二）划分的方法

1. 通过相关部门查阅农田信息，同时联系实际，详细列出田块的立地条件、生产情况、土壤性状，进行深入分析，明确各土种的主要障碍因素。依据以上材料进行总结，归纳出肥东县中低产田地的类型。

2. 从土壤解剖角度来看，划分肥东中低产田地类型的因子主要有：地形地貌、土壤主要障碍因素、经济技术投入。依据我国行业标准《全国中低产田类型划分与改良技术规范》（NY/T 310—1996）和《全国耕地类型区、耕地地力等级划分》（NY/T 309—1996），结合肥东县实际情况，将肥东县中低产田地划为坡地梯改型、干旱灌溉型、瘠薄培肥型、障碍层次型和渍涝潜育型 5 种类型。从划分统计结果来看，肥东县中低产田共有 43 284.2 hm^2，占全县耕地总面积的 54.18%。具体各类情况如下：

一是干旱灌溉型，面积共有 6 717.71 hm^2，约占肥东县中低产田面积的 15.52%。该类型分布地区主要在肥东县北部岗地丘陵区，跨越了江淮分水岭，该地区较为干旱，年降水量不足，而且水利灌溉条件较差。干旱是影响该地区农业生产的主要障碍因素。肥东县干旱灌溉型主要分布乡镇有八斗镇、白龙镇、陈集镇、古城镇和响导乡等。

二是坡地梯改型，面积共有 437.17 hm^2，约占肥东县中低产田面积的 1.01%。该类型分布地区主要在肥东县东部低山丘陵区，这一地区水土流失较为严重，耕地土壤被侵蚀，土壤耕层较薄，这是影响该地区农业生产的主要障碍因素。肥东县坡地梯改型主要分布乡镇有桥头集镇、包公镇和石塘镇等。

三是渍涝潜育型，面积共有 1 523.6 hm^2，约占肥东县中低产田面积的 3.52%。主要是分布在肥东县南部圩区及部分低冲田。因地势低洼，而且地下水位较高，导致土壤排水不良，非常容易受到渍涝危害。该地区土壤长期处在持水条件下，土壤质地比较黏重。肥东县渍涝潜育型主要分布乡镇有撮镇镇和长临河镇等。

四是障碍层次型，面积共有 17 447.86 hm^2，约占肥东县中低产田面积的 40.31%。该类型分布地区主要在肥东县北部岗地，特点是地势较高、地下水位比较低。因雨水下渗、黏粒下移，导致了黏盘层的形成。肥东县障碍层次型主要分布乡镇有八斗镇、古城镇、陈集镇、响导乡和元疃镇等。

五是瘠薄培肥型，面积共有 17 157.86 hm^2，约占肥东县中低产田面积的 39.64%。该类型主要是冲田，其特点是距村庄远，农田管理水平低，土壤的结构比较差。土壤瘦脊是影响该地区农业生产的主要障碍因素。肥东县瘠薄培肥型主要分布乡镇有八斗镇、白龙镇、古城镇、杨店乡和元疃镇等。

（三）肥东县中低产地分布情况

经调查分析可知，肥东县中低产田在各个乡镇均有不同程度的分布，古城镇、八斗镇、白龙镇等分布面积比较大（表 8-1）。肥东县的中低产田存在着不同的障碍因素，阻碍着耕地地力的提高，开展中低产田改良工作对肥东县农业发展有重大意义。我们要加大中低产田改良的力度，从而逐步使低产变中产、中产变高产，助力肥东县农业生产不断发展。

表 8-1　各乡镇中低产田的分布情况

乡镇	耕地面积（hm^2）	占乡镇耕地比例（%）	占全县耕地比例（%）
八斗镇	2 603.08	36.81	3.26
白龙镇	4 510.32	63.02	5.65
包公镇	4 112.56	82.22	5.15
长临河镇	2 307.34	63.12	2.89
陈集乡	2 476.68	78.03	3.10
撮镇镇	1 323.64	32.98	1.66
店埠镇	2 160.54	35.00	2.70
古城镇	6 340.07	87.25	7.94
梁园镇	1 949.38	30.50	2.44
马湖乡	2 642.05	82.28	3.31
牌坊回族	2 081.62	69.58	2.61
桥头集镇	2 245.8	58.08	2.81
石塘镇	2 868.5	65.29	3.59
响导乡	641.05	17.87	0.80
杨店乡	1 018.89	31.75	1.28
元疃镇	2 325.38	63.84	2.91
张集乡	854.36	35.76	1.07
众兴乡	822.94	30.57	1.03
合计	43 284.2		54.18

二、中低产地改良措施

（一）干旱灌溉型

干旱灌溉型田地指山地丘陵区的望天田、塝田，主要包括淹育型水稻土、侧漂型水稻土及部分渗育水稻土。这类稻田水源不足，灌溉条件差，灌溉设施不足，排灌不分家，串漫灌严重，养分缺乏，旱灾频繁，耕作制度多为一年两熟。干旱灌溉型中低产田主要分布地区是北部岗地丘陵区，跨越江淮分水岭，是本县干旱集中地区，该地区降雨不足，灌溉条件相对较差，是影响农业生产的主要障碍因素，同时养分含量低，黏盘层出现部位高，耕层厚度为 13.85 cm，耕层质地为轻壤、重黏，还有小部分的中壤。

改良途径主要为：一是建立健全水利设施，实行排灌分家，改串灌漫灌为沟灌畦灌，防止耕层土粒随灌溉水流失，控制白土化。二是因地制宜修建山塘水库，增加灌溉水源或实行提水灌溉，解决旱灾。三是实行秸秆覆盖还田技术和堆腐还田技术，以改善土壤理化性状，培肥地力。采用秸秆覆盖技术时如果是施入表层的作物秸秆一般要施入一定的活性微生物菌剂，如腐杆灵（有机物料腐熟剂），以加速秸秆腐烂[41-42]。秸秆还田的使用量一般是每公顷产生秸秆量的 50% 用于还田。秸秆还田后，提高了土壤有机质含量，增加了土壤的团粒结构，调整了土壤的紧实度，促进了土壤孔隙度，降低了土壤抗寒、保温及保水性能，从而为土壤微生物活动创造了良好环境，促进了土壤有机质分解转化，增加了土壤耕作层养分来源和积累，为作物生长发育创造了有利条件[43-44]。四是平衡施用化肥，增施有机肥，每公顷施用磷肥 90 kg、钾肥 50 kg、有机肥 30 000～45 000 kg。五是采用相应的农艺技术，加强植物生长营养剂和调节剂（喷施宝、旱地龙、丰产素、生根粉）的使用。以保水剂为例，不同保水剂均有一定的保水保肥增产作用，保水保肥增产尤以 SAP、旱地龙、JPSI 为佳。据报道，保水剂用量很低时（拌种或沾根）一般只对当季作物有效，吸水保水性能可维持 2～3 个月，用量加大到穴施 1.5 g 时，在雨水较多年份会造成根际土壤渍害。六是加深耕作层 3～5 cm，打破黏盘层，使耕作层厚度大于 18 cm，以增加作物营养吸收面积，增加土壤蓄水保肥和抗御旱灾的能力。七是推广旱育秧，提高水源利用率扩种旱作，减少旱灾。

（二）瘠薄培肥型

这类型中低产田分布于江淮丘陵地带，离村镇较远，施肥不足；耕层较浅，只有 13.4 cm；土壤结构不良，多是重黏土壤，还有部分中壤；土壤养分含量低，氮磷钾均属于中等偏下水平；旱涝灾害相对较多，产量较低；而目前又无见效快且较大幅度提高产量的治本性措施，只能通过长期培肥消除土壤不良性状进行逐步改良的一类旱耕地。耕作管理水平较低，有机肥源不足，土壤黏重结构差，土壤较瘦脊，是影响农业生产的主要障碍因素[45]。

改良措施：一是平整土地，完善水利设施。具黏盘层的岗地黄褐土型旱耕地应平整土地，建立完善的坡面水系和蓄水配套设施，改坡地为梯地，做到地面平整，减少水土流失，解决旱灾。二是增加土体厚度，去石聚土，客土加厚土层，使土体厚度大于 80 cm。三是加深耕层厚度，结合施用有机肥深耕，每年增施有机肥 30 000～45 000 kg/hm^2，增加耕层 3～5 cm，使耕层厚度达到 18 cm 以上，消除土体中下部的黏盘层、沙层、沙砾层的危害。四是秸秆覆盖，秸秆覆盖量为每公顷 4 500～7 500 kg，这样可以有效地减少土壤侵蚀，吸纳保蓄降水，增强土壤抗旱保墒能力，连续 3 年以上。五是平衡施用化肥，协调土壤养分。每公顷施用磷肥（纯量）150 kg，钾肥（纯量）50 kg 以上，并因缺补充微量元素肥料，连续 3 年。

（三）坡地梯改型

坡地梯改型田地指肥东县山地丘陵区地形坡度 5°～25°的旱耕地。主要分布地区是东部低山丘陵区。该类型中低产田具有陡、薄、蚀、旱、瘦的特点，水土流失严重，地表径流强，是典型的跑土、跑水、跑肥的“三跑土”。抗旱能力差，多无灌溉设施，“十年九旱”，多属雨养型农业区。该地区水土流失严重，耕地耕层土壤由于受到侵蚀，耕层较薄，粉沙成分增高，养分贫乏，是影响农业生产的主要障碍因素。

改良措施：一是建立完善的坡面水系和蓄水配套设施。改坡地为梯地，采用土石筑埂，做到地面平整，地块坡度 3°～5°，做好梯埂的护坡以不被洪水冲塌。建设好地边沟、背沟和沉沙池，做到泥不下山，水不乱流。因地制宜建设蓄水池，积蓄降水，以便旱季用，提高抗旱能力。二是采取横向聚土垄作，减少水土流失。三是增施有机肥，实行秸秆还田和平衡施用化肥。每年每公顷施有机肥量达到 37 500～45 000 kg 以上，提倡秸秆覆盖还田，一次每公顷还田量 3 000～4 500 kg，平衡施用氮、磷、钾肥，配施微肥，因缺补缺。四是推广间套混种技术，提倡作物行间套种绿肥或豆科作物，作物轮作间隙插种短期绿肥，增加地面覆盖，有效地保持水土。五是因土种植，适地植树。南段丘陵黄棕壤、石灰土水土保持区域，要搞好水土保持，加速绿化坡度较大的农田坚决退垦还林，在石灰岩低山丘陵上可种植耐碱耐旱的树。北段低山丘陵黄棕壤综合利用区域，主要搞好植树造林，重点发展经济林如茶叶、果树、油桐、竹子等，同时开发利用草场资源，发展食草畜牧，增加效益。丘间平畈黄白土、黄白土田粮棉间作区域，在种植绿肥、培肥土壤的前提下，发展粮食和棉花生产，尤其河流两侧土层深厚，适宜棉花根系穿插。冲田要开沟排水，水旱轮作，岗地在缺乏水源性情况下可发展旱杂粮及多种经营。

（四）渍涝潜育型

这类型的中低产田零星分布在南部一些圩区及低冲田，由于所处地势低洼，地下水位高，土壤排水不良，易受渍涝危害，地下水位上升与地表水相连，土壤长期处在持水条件下发生潜育化，土壤质地黏重。这类田的主要特征是：潜育化明显，1 m 土体内 30 cm 以上出现潜育层（青泥层 G），潜育层厚度大于 30 cm，还原性有毒物质高，水冷泥温低，黏实闭气，物理性状差，速效养分及有效微量元素不足供应强度低，种植制度多一年一熟。水稻生长表现为：前期僵苗不发，后期贪青晚熟，病害草害严重，单产低而不稳[46-48]。

改良措施：一是完善水利设施，降低地下水位，排除土壤积水，截断冷泉水，协调土壤水气，达到能排能灌，消除潜育化，改一年一熟为一年二熟。二是改革耕作制度，实行水旱轮作。三是增施暖性有机肥、速效肥，补施微肥。

（五）障碍层次型

障碍层次型田地指肥东县黄褐土岗地 1 m 土体内有黏盘层的一类旱耕地。质地黏重，耕性差，黏盘层出现在 30～50 cm，土体有效厚度 30～50 cm，黏盘层致密紧密，影响作物根系下扎。旱、僵、瘦、浅是低产特点，粮食年产量低于 7 500 kg/hm²。漏水漏肥，作物生长后期脱肥早衰，粮食年产量低于 10 500 kg/hm²。主要分布在北部岗地上，地势较高，地下水位低，由于雨水下渗，黏粒下移，黏粒的淋溶聚集过程较为强烈，形成黏盘层。

改良措施：一是平整土地，完善水利设施。建立完善的坡面水系和蓄水配套设施，改坡地为梯地，做到地面平整，减少水土流失，解决旱灾。具沙层、沙砾层的潮土完善水利设施，发展井灌，提高灌溉保证率。二是结合施用有机肥深耕，逐年增加耕层和有效土层，消除土体中下部的黏盘层、沙层、沙砾层的危害。三是秸秆覆盖，有效地减少土壤侵蚀，吸纳保蓄降水，增强土壤抗旱保墒能力。四是平衡施用化肥，协调土壤养分。

三、土壤调理剂的施用

（一）背景

随着化肥、农药在农业生产上的大量使用，土壤板结、盐渍化程度日益加剧，地下饮用水遭到污染，农业生态环境受到严重威胁。我国虽然土地广博，但是人均占有耕地面积小，如何持续地利用有限的土地资源生产出优质、安全的农产品，同时保护农业生态环境，成为我国农业科技工作者需要突破的难题。

通过国内外学者的不断研究，他们提出使用土壤调理剂来改善土壤状况，提高土壤肥力。广义地说，对土壤性状具有改良和调节作用的物质都可以称为土壤调理剂。因为材料的差异和科学研究的进步，在不同的时期，对土壤调理剂的具体定义亦有所不同。目前，我国发布的相关标准中，土壤调理剂的定义是加入土壤中用于改善土壤的物理或化学性质及其生物活性的物料。着重强调土壤调理剂对土壤中水分、空气以及团粒稳定性的改善作用[49]。

近年来，由于肥东县农田长期大量施用化肥，土壤板结，肥力下降，土壤酸化趋势明显。对比第二次土壤普查数据来看，肥东县土壤有机质含量呈下降趋势，土壤速效钾和硼、锌等微量元素普遍缺乏。全县中低产田主要位于中北部岗地丘陵地区，跨越江淮分水岭，其中古城镇、八斗镇、白龙镇、陈集镇、梁园镇等乡镇分布面积较大。该地区水土流失严重，耕层土壤瘦脊，土壤黏重结构差，地下水位低，土壤有机质含量等级处于较缺水平，是当前农业生产的土壤存在的主要障碍因素，直接影响作物生长和产量的提高[50]，导致作物抗性降低、病害频发，水稻、小麦、油菜出现“花而不实”，很大程度上制约肥东县农业和农村经济的发展。

为促进粮食增产和农民增收，必须实施中低产田改造。因此，自 2010—2014 年，肥东县重点在古城镇、八斗镇、白龙镇、梁园镇等中低产田分布面积较大的乡镇，利用土地平整、农田复垦、基本农田改造的田块，围绕水稻、油菜、小麦、蔬菜、玉米等主要农作物，开展多点多作物土壤调理剂试验示范。累计推广土壤调理剂 2 190 t，实施面积近 0.6 万 hm^2。

（二）推广模式

1. 重点乡镇建立示范区。为了强化推广示范成果，发挥项目的连续带动作用，我们主要选择在土壤相对比较贫瘠、理化性状差、土地整理面积较大的北部地区，先后分别在肥东县的元疃镇、梁园镇、古城镇、八斗镇、白龙镇、陈集镇等重点乡镇实施，建立示范片以利于土壤调理剂向其他乡镇辐射推广。

2. 核心示范区建设。为了更好地发挥产品的效果展示，做到示范效果的集中展示，在重点实施乡镇分别建立面积 1 个不小于 27 hm^2 的核心示范区，核心区要求建议对比田块以展示预期效果，设置小区试验研究肥料与土壤调理剂不同用量配比试验以系统地掌握土壤调理剂在不同的肥料用量条件下对作物产量和土壤改良的作用和影响，最终形成技术模式加以推广应用。

3. 示范推广开展情况。2009 年在肥东县八斗镇南鲁村水稻作物上进行小面积试验示范，主要在当地“旱改水”田块（曾连续多年出现“花而不实”现象）做对比试验。2010 年推广使用土壤调理剂 360 t，主要在水稻、小麦等作物上开展示范，同时在长临河镇长乐村、八斗镇小汤村、包公镇竹塘村等地安排多点多作物对比试验，在石塘镇阚东村建立常规肥对比小区试验。2011 年推广使用土壤调理剂 400 t，建立 5 个土壤调理剂重点示范区和 13 个技术辐射区，并在八斗镇建立配方肥减量小区试验。2012 年推广土壤调理剂 470 t，在古城镇、八斗镇、白龙镇、元疃镇、梁园镇等乡镇分别建立一个核心示范区，同时设置土壤调理剂不同用量配比试验。2013 年全县使用土壤调理剂 480 t，在承担主要示范推广任务的乡镇分别建立核心示范区 8～10 个。2014 年在承担主要示范推广任务的乡镇建立核心示范区 10 个，设置对照田块，竖立示范标牌。通过技术培训、媒体宣传、现场观摩等多种形式引导广大农民使用土壤调理剂，做到以点带面促进该产品在中低产田改良和高标准农田建设项目中的推广应用，实现修复、改良、节本、增收创建高产良田的目的，并形成技术模式（表 8－2）。

表 8－2　各乡镇中低产田改良推广应用情况

年份	重点乡镇	实施面积（hm^2）
2009	八斗镇	2
2010	石塘镇、包公镇、八斗镇、陈集镇、响导乡、白龙镇、长临河镇	947
2011	古城镇、八斗镇、白龙镇、元疃镇、梁园镇	1 067
2012	古城镇、八斗镇、白龙镇、元疃镇、梁园镇	1 333
2013	八斗镇、梁园镇、马湖乡、包公镇、古城镇	1 333
2014	八斗镇、梁园镇、马湖乡、包公镇、古城镇、白龙镇、元疃镇	1 366

4. 推广可行性。通过多年多点试验示范，已形成了利用土壤调理剂改良修复肥东县中低产田的技术模式，技术上较为成熟，符合国家的产业政策和当前农业生产的现实需要。同时肥东县也是一个以种植业为主的粮食生产大县，农业生产收入是广大农民的主要经济来源，中低产田面积大，改良任务艰巨。近年来，肥东县农业技术综合服务中心通过测土配方施肥项目、土壤有机质提升行动、土壤调理剂示范推广及千亿斤增粮等项目的实施，不断地提高肥东县土壤的地力水平，改变农民的传统施肥习惯，提高土壤的保水保肥能力，增加了土壤微生物的活性，对改良中低产田，使农民增产增收，取得的社会效益和经济效益是十分显著的[51]。特别是通过土壤调理剂示范推广对肥东县的土壤障碍因素的清除与修复意义深远。该项技术措施也为肥东县农业步入良性循环、提高耕地质量、提高肥料利用率、节本增效提供支持，使粮食生产的稳定发展、农民持续增收，加快农业新成果新技术的转化应用，增加科技对农业增长的贡献率，促进农业可持续发展。

四、存在的问题与建议

（一）问题

1. 农村集体经济力量软弱，改良土壤困难较多。实行家庭联产承包责任制以后，集体经济力量薄弱。多年来，村委会难以召集群众挖沟清淤，使得农田地下水排水不畅，水位偏高。同时，农田排灌不分，带来很多困难，农民要灌水时就堵截水沟引水入田。这种排灌合一的田间水沟，平时沟水位很高，只能排田面水，不能排除耕层土壤中的渍水。种田效益低，农村人口向城市迁移，青壮年劳动力外出打工，也给改良土壤造成困难。

2. 有机肥源少，农民施用有机肥的积极性不高。从调查的结果可以看出，肥东地区有机肥使用量少，施用面积小。这主要有两个方面的原因，一是现在农村经济体制改革，农民生活质量提高，养殖家禽的农户很少，导致有机肥源少。

二是目前农民施用有机肥的意识不强，商品有机肥价格又高，粮食的价格较低，导致农民施用商品有机肥的积极性不高。三是大量秸秆得不到合理利用，秸秆还田技术推广应用水平不高。

3. 用地而不养地，造成地力水平不高。由于经济体制改革，大量年轻力壮的农民入城打工，农村劳动力严重缺乏，土地利用率及生产率低，耕作粗放，广种薄收产量低；多年来大田冬季绿肥比例小，同时有机肥施用比例不高，用而不养的现状比较普遍，导致耕地地力水平的低下。

（二）建议

1. 各级政府要提高合理利用耕地的认识，制定具体的培肥措施并抓好落实。农村土地虽是集体土地，但关系到农民的生存和国家的稳定。目前，农民不积极培肥地力，不愿意进行长期投入，种田成为短期行为。政府应主动将培肥地力的担子挑起来，把地力培养作为政府的重要议事日程，列入镇、村领导的工作责任制中。建议各级政府从财政拿出部分资金设立地力培养专项资金，用于农田基本建设和培肥地力，并加以具体落实，保障该项工作的顺利开展，实现“取之于土，用之于土；取之于民，用之于民”。制定具体的可操作性的培肥措施和验收标准。推广秸秆还田，大力推广大田生产冬季绿肥，政府补贴冬种绿肥种子的价款以调动农民养地的积极性。

2. 努力改善耕地的生产条件和生态环境，提高耕地的利用率。提高耕地的利用率和科学合理地开发利用耕地资源，必须加大耕地的保护改良和开发力度，根据资源优化配置的原理、实现资源有效配置。改善耕地的生产条件和生态环境，要从治山、治水和改良土壤等多种治理措施入手，实现山、水、田、林、路等综合治理。

3. 加强蔬菜基地建设。2007 年肥东县蔬菜种植面积为 1.6 万 hm^2，仍有很大的扩展空间。肥东县要在扩大蔬菜种植面积的同时，有计划、有步骤地进行蔬菜基地建设，加快蔬菜生产的现代化进程，力争把肥东县菜地建成优质、高产、高效的商品菜基地，建立稳定的、适应社会主义市场经济体制的蔬菜生产供应体系。在加强蔬菜基础设施建设的同时，还必须采取有力措施逐步理顺管理体制，建立健全服务体系，稳定科技队伍，扎扎实实地实施好“菜篮子”工程。

第二节　高标准农田建设

一、肥东县农田基本情况

（一）基础设施

从农业区划部门调查统计的结果可知，肥东县农田抗旱能力小于 50 d 的占

73.2%，其中有43%的农田经常容易发生干旱，排涝能力五年一遇以下的约占23%。肥东县约有4.1万个大小塘坝，但普遍较浅，蓄水抗旱能力不强。在北部地区，岗地较多，而水利灌溉条件差，沟渠堵塞不畅。在南部地区，圩区所处地势低，防洪排涝能力不足。因为农业生产的基础设施不配套，阻碍了农业增产、农民增收。

20世纪50年代后，肥东县兴建了大批水利工程，建成了基本的农田水利灌溉网。但是因为这些工程年代久远，经过多年的运行后，工程老化失修、损坏较为严重，渠道输水能力下降，有效灌溉面积大幅萎缩，防灾能力不足，从而导致土地利用率不高，农业生产能力欠佳。90年代之后，肥东县不断加大对水利工程的投入，田间灌溉防灾能力得到大幅提升，同时积极推广节水灌溉，肥东县的田间水利工程建设逐步迈上新的台阶[52]。

（二）田间工程

为更进一步提高粮食综合生产能力，促进粮食生产区农民增收和现代农业发展，肥东县从2010年开始先后规划设计并组织实施了全国新增千亿斤粮食生产能力田间工程及农技服务体系建设项目9个，通过项目实施建成高产、稳产标准农田1.1万 hm^2。此举增强了肥东县粮食综合生产能力和农业科技服务功能，经济、社会和生态效益较为显著。

肥东县2010—2018年共实施9个千亿斤增粮项目。截至目前，2010—2017年8个项目均已完成市级终验，2018年项目已完成县级验收，2010—2018年千亿斤增粮项目共投入资金12 853万元。

2010年项目建设单位为肥东县农业局，建设地点涉及牌坊回族满族乡的新丰村、兴庙村等2个村居，通过项目实施建设高产稳产农田667 hm^2。主要完成建设内容如下：土地平整20 hm^2、沟渠清淤近6 000 m^3、沟塘清淤12 hm^2、衬砌渠道2 674 m、新建沙石路（含新建和维修）14 464 m、新建涵管桥150座。

2011年项目建设单位为肥东县农业局，建设地点涉及马湖乡马湖村、大王村等3个村居，通过项目实施建设高产稳产农田1 500 hm^2。主要完成建设内容如下：土地平整133 hm^2、开挖疏浚农渠310 m、沟渠清淤13 111 m^3、塘坝清淤16座、衬砌渠道9 340 m、新建沙石路（含新建和维修）38 017 m、新建机耕桥18座、新建提水站4座、新建沟渠交叉建筑物800座（含塘坝放进水涵42座、溢洪道6座、渡槽1座、放水斗门60座、涵管桥681座、斗渠节制闸10座）、新建PVC出水管道280 m。

2012年项目建设单位为肥东县农业局，建设地点涉及元疃镇汪郢村、路集社区、元疃社区、曙光村、三合社区、塘西村和明星村等7个村居，通过项目实施建设高产稳产农田2 000 hm^2。主要完成建设内容如下：土地平整200 hm^2、开挖疏浚沟渠 10 749 m（含斗沟 1 809 m、农沟 8 940 m）、塘坝清淤 13 座、衬砌渠道 14 208 m、新建道路 37 535 m（含沙石路 9 350 m、水泥路 9 510 m、生产路 18 675 m）、新建沟渠交叉建筑物 1 440 座（含当家塘进放水涵 64 座、溢流坝 2 座、机耕桥 7 座、跌水 98 座、涵管桥 469 座、进出水口 800 座）。

2013 年项目建设单位为肥东县农业局，建设地点涉及撮镇镇赵光村、河滨村、仙临村、李六村等 4 个村居，通过项目实施建设高产稳产农田 1 300 hm^2。主要完成建设内容如下：土地平整 97 hm^2、开挖疏浚沟渠 5 070 m、衬砌渠道 10 610 m、新建机耕道路 26 530 m（含沙石路 23 700 m、水泥 2 830 m）、新建泵站 3 座、新建沟渠交叉建筑物 507 座（含节制闸 4 座、机耕桥 5 座、放水斗门 8 座、涵管桥 246 座、放水口 244 座）、栽植农田林网 5 730 株。

2014 年项目建设单位为白龙镇，建设地点为高圩村、快乐村等 2 个村居，通过项目实施建设高产稳产农田 667 hm^2。主要完成建设内容如下：土地平整 314 hm^2、深耕深松土壤 314 hm^2、新开和疏浚沟渠 25 520 m、塘坝清淤 35 座、衬砌渠道 18 360 m、新建道路 38 590 m（含沙石路 14 930 m、水泥路 7 460 m、土路 16 200 m）、新建电站 2 座、新建沟渠交叉建筑物 864 座（含塘坝进出水涵 75 座、拦水坝 3 座、节制闸 25 座、排灌沟简易闸 61 座、机耕桥 20 座、跌水 66 座、涵管桥 373 座、放水口 241 座）。

2015 年项目建设单位为元疃镇，建设地点为杨祠村、义和村、路集社区和元疃社区等 4 个村居，通过项目实施建设高产稳产农田 1 300 hm^2。主要完成建设内容如下：土地平整 481 hm^2、新开和疏浚沟渠 25 840 m、塘坝清淤 41 座、新建节水灌溉渠道 18 700 m、沟渠生态护坡 22 170 m、新建道路 61 435 m（含沙石路 53 925 m、水泥路 7 510 m）、新建沟渠交叉建筑物 896 座（含蓄水塘放进水涵 36 座、堰坝 5 座、节制闸 41 座、机耕桥 22 座、跌水 273 座、涵管桥 422 座、放水口 97 座）。

2016 年项目建设单位为白龙镇，建设地点为白龙镇快乐村、后陈村、白龙社区、团结村等 4 个村居，通过项目实施建设高产稳产农田 1 800 hm^2。主要完成建设内容如下：土地平整 1 200 hm^2、新开和疏浚沟渠 106 200 m、塘坝清淤 84 座、衬砌渠道 8 260 m、新建道路 114 510 m（含沙石路 45 670 m、水泥路 5 390 m、土路 63 450 m）、新建沟渠交叉建筑物 1 918 座（含塘坝放进水涵 163 座、塘坝溢流堰5 座、节制闸 113 座、机耕桥 8 座、跌水 560 座、涵管桥 798 座、放水口 240 座、塘坝洗衣埠 22 座、拦水坝 9 座）。

2017 年项目建设单位为白龙镇，建设地点为洪桥村，通过项目实施建设高产稳产农田 667 hm^2。主要完成建设内容如下：土地平整 295 hm^2、土壤改良 295 hm^2、新开和疏浚沟渠 27 970 m、塘坝清淤 15 座、衬砌渠道 1 620 m、新建道路 28 530 m（含沙石路 9 610 m、水泥路 1 480 m、土路 17 440 m）、新建（含重建）沟渠交叉建筑物 524 座（含塘坝放进水涵 38 座、塘坝溢流堰 1 座、节制闸 15 座、跌水 37 座、涵管桥 422 座、洗衣埠 9 座、拦水坝 2 座）、新建护路 2 450 m、栽植农田林网 1 634 株。

2018 年项目建设单位为马湖乡，建设地点为三官社区、小陶社区等 2 个村居，通过项目实施建设高产稳产农田 667 hm^2。主要完成建设内容如下：土地平整 240 hm^2、清淤扩挖塘坝 84 座、安装塘坝警示标牌 84 个、新建小薛站 1 座、新建付庄站 1 座、新建小洞塘站 1 座、新建小岗站 1 座、开排灌斗沟 10 218 m、放水渠开挖疏浚 1 460 m、出水渠衬砌 1 950 m、沟渠交叉建筑物 640 座（含塘坝进水涵 219 座、塘坝溢流口 5 座、摇坝溢流堰 1 座、岗吴大沟溢流堰 2 座、新建 3.0 m 跨盖板涵 1 座、沟渠跌水 17 座、过路和下田等涵管 395 座）、新建机耕路 22 520.4 m（其中，3 m 宽沙石路 14 251.4 m、2.2 m 宽沙石路 855 m、4 米宽土路 7 414 m）、安装交通标志牌 1 项。

二、相关措施与成效

（一）措施

1. 加强组织领导，狠抓项目管理。一是增粮项目资金投入量大、建设期长、涉及面广。为此，县政府高度重视，成立了以分管县长为组长的县增粮项目建设领导小组，县农业农村局、县发展和改革委员会和县水务局成立项目督查小组，全面负责项目组织协调、督促检查和资金管理等。二是项目实施乡镇指定专人驻点协调指导，并积极争取项目区村组干群的支持和理解，抓好工程质量监管，依法严格控制工程变更，所有变更项目上专家评审会。三是每月定期将项目工程建设情况、资金使用情况及统计报表向上一级部门上报，分析项目推进过程中出现的新问题并提出解决方案，保证项目的顺利实施。

2. 科学规划设计，广泛宣传发动。增粮项目田间工程牵涉到千家万户，前期设计至关重要。一是项目下达后及时摸底确定项目实施区域，并上报县项目领导组，同时与水务、国土等部门密切配合，与县内现有的规划等对接，按照“缺什么补什么和填平补齐、配套完成”的原则，科学合理安排建设内容；二是深入宣传项目建设的目的和意义，在项目规划设计时多次主动深入村组进行走访座谈和现场踏勘，上上下下反复多次沟通协调，得到了广大基层干群的拥护和支持，营造良好的项目实施环境和氛围。

3. 强化督促督查，狠抓项目落实。为确保按期、按质、按量完成增粮项目建设任务，在县项目领导组的统一领导下，项目所在乡镇党委政府高度重视，党政一把手亲自抓，实行以驻村干部为直接责任人的目标责任制，在项目推进过程中多次召开调度会、专题研究落实工程建设的方案和办法。项目县级主管部门不定期对项目建设情况现场实地督查，召开现场协调会，发现问题，及时解决，形成了上下联动、多方协作的良好工作机制，有效保障工程施工进度。

4. 严格工作程序，保障工程质量。增粮建设项目是一项惠民工程，为把好事做实，把实事做好，让群众满意，我们严格落实项目法人制、招投标制、监理制和合同制等。通过公开招标确定项目工程施工单位和监理单位，项目落地后选出群众代表组成监督小组，督促施工单位严格按照项目设计要求，精心组织施工，杜绝在工程建设过程中徇私舞弊和偷工减料的现象，有效保证了工程质量和施工进度。

5. 加强财务督查，规范资金管理。一是所有项目资金都实行专户专账管理，严格执行合同约定，项目资金在监理、业主现场代表层层审核后按工程进度支付；二是与财政部门密切配合，形成农财联合项目督促机制，加快项目资金拨付速度，统筹安排县级配套资金，确保资金足额到位，保障项目顺利施工；三是依靠审计检查，财政监督，杜绝了不正当开支，保证资金专款专用，提高资金使用效益。

6. 同步建档立卷，及时组织验收。在抓好项目建设的同时，高度重视项目档案管理工作，做到资料收集与工程建设齐头并进。一是由专人负责采集项目建设过程中的场景照片、文字材料、项目有关的所有管理文件和资料分类整理归档，保证了档案完整、齐全；二是在工程竣工后，严格按标准进行验收，验收分竣工初验、县级验收、市级复验、省级或国家抽验；三是对已通过验收的工程，及时履行移交手续，尽快发挥项目效益。

（二）成效

1. 改善了农业生产条件。通过项目实施，结合水利、农业、林业、科技等综合措施，进行水、田、林、路综合治理，项目区建成田成方、林成网、路相通、渠相连的高产、稳产、旱涝保收高标准农田 1 万 hm^2。农业基本生产条件明显改善，抗御自然灾害能力显著增强，土地利用率和产出率大大提高，增强了农业发展后劲，为农业和农村经济快速发展奠定了坚实的基础。

2. 维护了农业生态环境。通过项目建设，提高了项目区耕地地力水平，改善了土壤团粒结构，提高了土壤保水保肥能力，逐步稳定了化肥用量，优化肥料结构，提高化肥利用率，减少化肥浪费及对土壤环境产生的不良影响，使农业生产步入良性循环。

3. 促进了项目区农民增收致富。增粮项目的实施，不仅改善了项目区的农业生产条件、田容田貌和农村生态环境，同时也提高了农业经济效益，增加了农民收入。项目区年可节约生产成本 900 元/hm^2，可增收粮食 1 050 kg/hm^2，年可增加农民收入 3 210 元/hm²。增粮项目让农民群众得到了实实在在的经济利益。

三、存在的问题与建议

（一）存在问题

1. 工作开展进度时间分配不合理。 项目下达时间与要求上报时间间隔短，项目施工前准备工作多，如设计、施工、监理等招投标环节占用时间过长；另外该项目是田间工程，受农业生产季节和天气影响等，一定程度上造成了项目实施进展缓慢，例如 2018 年度项目实施过程中冬春两季的连续阴雨天气就严重影响了的工程进度。

2. 项目最初设计预算与招投标中标价相矛盾。 一是田间工程由于中标价过低，出现了结余，需要重新进行设计和招投标工作。二是设计和监理现行的收费标准分别是 2%～3%和 1.5%～2%，通过招标后收费均低于 1%以下，甚至更低（如监理费：2015 年项目是施工中标价的 0.34%，2016 年项目是 0.66%），从而影响了工程的进度、质量和效益。

3. 缺乏完善的项目管理办法。 增粮项目主要是田间工程，工程小、多、散，且与项目区成千上万农户密切相关，施工协调工作量大，在实际推进过程中难免造成项目变更，变更操作程序复杂，影响项目验收。高标准粮田建设是一项规模宏大、牵涉面广的系统工程，涉及部门众多，且跨部门，协调难度大。

（二）相关建议

1. 加强组织领导，上下联动推进。 县农业部门加强组织协调工作，建立上下联动、多方协作的工作机制，强化责任、整合力量、加强督查。充分调动各方积极性，发挥技术信息优势，确保按时按量完成任务。

2. 制定管理办法，保障项目实施。 根据项目实际情况，针对实施过程中遇到的问题，制定相应的管理办法，规范项目变更，严格履行操作程序。

3. 组织专业人才，提升管理水平。 将具有较高专业水平和丰富实践经验的人才补充到管理队伍中，提高工作效率，解决项目实施难题，加快施工进度，确保项目顺利实施。

第三节　肥东县耕地质量提升工作整体成效

一、相关工作总结

（一）取土化验常态化

综合考虑行政区划、土壤类型、土地利用等情况，按照每 667 hm² 耕地布设耕地质量调查点位不少于 1 个的标准，在相对固定布设的 220 个点位基础上，整合、调整和确定每年的耕地质量调查点位，适时开展土壤采样、田间调查和分析化验。

（二）田间试验标准化

在石塘镇、八斗镇等乡镇建立相对固定的试验示范展示基地。每年度开展肥料试验 10 个以上，包括主要农作物肥料利用率试验 2～3 个、2＋X 试验 2 个、中微量元素校正试验 2 个以及其他肥料试验 2～3 个，进一步规范试验田布设标准，加强田间管理，提高试验质量和精度。

（三）示范建设标杆化

依托新型经营主体，打造创新发展、示范引领的化肥减量增效“先行标杆”。整合项目资金，在水稻作物上采用物化补贴、技术集成和资金补助等方式建设示范区，集中展示化肥减量增效技术模式，探索配方肥、有机肥料、水溶肥料、缓释肥料、水肥一体化设施等物化补助的机制。

（四）技术服务多样化

以取土化验、田间肥效试验、验证试验结果和作物目标产量为依据，完善主要粮食作物施肥指标体系，建立主要经济作物优化施肥方案。建立健全施肥配方、配方肥需求等科学施肥信息发布制度，在备肥用肥的关键时期，通过县政府网、肥东晨刊、肥东农技微信公众号等媒介予以发布。结合基层农技推广补助和职业农民培训等项目，通过田间课堂、科技下乡、包村联户、网络宣传、微信公众号等方式，每一年度开展多种形式的技术培训与指导服务 120 场次，服务达 5 000人次以上，覆盖所有乡镇和行政村。

（五）调查监测网络化

一是建立健全耕地质量监测。实时跟踪调查维护已建立的 36 个耕地质量监测点。做好因种植结构调整等出现变故点位的废除替换工作，及时做好土样采集检测、田间调查管理、数据汇总上报工作。二是进一步优化土壤墒情监测网络，稳定 10 个墒情监测点。每月定时开展 4 次，旱时加密监测，做到监测及时且有图片有报告，并及时上传发布，指导各区域实现田间水肥科学管理，建立耕地质量与墒情年度变化报告制度，了解和掌握全县土壤肥力与墒情变化的发展趋势和动态。三是建立全县肥料施用情况调查监测体系。以普通种植户、种植大户、家庭农场、专业合作社等各类农业经营主体为调查对象，在建立的 30 个长期固定施肥调查点进行每一年种植轮作周期内肥料施用情况调查的基础上，结合耕地质量调查点位的施肥调查结果，形成全县肥料施用情况调查年度报告，同时定期开展化肥市场价格等信息调查。

（六）农企对接多元化

强化服务意识，积极搭建平台，为企业提供全方位、多层次、一体化服务，充分调动企业在测土配方施肥工作中的积极性、创造性。通过信息互通、供需对接、技物对接等手段，依托配方肥标准店、智能配肥点，推进配方肥进村入户到田，实现精准施肥、科学种地。

（七）测土施肥智能化

依托科研院校的技术力量，积极推进“互联网＋”，运用数字化、信息化、智能化等手段，全面改造提升传统土肥技术。建立健全测土配方施肥信息平台，不断完善“县域测土配方施肥专家系统”，及时更新数据库，加强运行维护。应用触摸屏、电脑和手机等终端设备，通过短信、微信等方式，查询测土配方施肥相关信息，通过一定的奖补措施推动农户应用智能配肥系统订制配方肥，实现测土配方施肥成果转化应用，实地指导服务生产实践。

（八）项目管理规范化

一是进一步加强和规范项目管理，严格按照公告公示、自愿申报、乡镇推荐、专家评审、现场查看等程序做好示范实施主体遴选；二是强化项目实施过程监管，完善绩效考核与验收的程序和方法，不断提升项目管理的水平和能力；三是加强项目资金管理，规范项目财务支出报账手续，确保最大限度发挥财政资金效益。

二、技术推广效果

（一）绿肥-秸秆协同还田技术

利用冬季空闲田种植、果园套种等模式恢复绿肥种植，示范推广绿肥-秸秆协同还田技术应用 1 300 hm^2 以上，实现耕地种养结合和耕地休养生息，缓解过度耕作和化肥过量施用导致的耕地质量退化问题。

（二）秸秆机械粉碎还田技术

秸秆还田主要推广秸秆机械粉碎还田技术，还田秸秆量过大时，每公顷增施 15 kg 秸秆腐熟剂和 45～75 kg 尿素，加速秸秆腐熟还田。全县年秸秆还田率达到 100％。

（三）总量控制适期施肥技术

根据土壤类型、土壤养分条件、作物需肥规律和需肥量等，按照农业部门提出的施肥指导意见，开展精准施肥，减少盲目施肥。总量控制适期施肥技术年覆盖率达 100％。

（四）有机肥替代化肥技术

推广长期施用商品有机肥或腐熟农家肥、沼渣、沼液等有机肥，有效改良培肥土壤，增强了作物抗逆性，改善了作物品质。

（五）机械化深施肥技术

使用农业机械在耕翻、播种时将化肥按农艺要求的种类、数量和化肥位置效应施于土壤表层以下一定的深度。化肥深施技术应用逐步由先撒施后耕翻向种肥同播、机插侧深施肥等机械化深施肥技术转变。

（六）水肥一体化技术

在牌坊回族满族乡、店埠镇等蔬菜、瓜果种植模式相对集中的地区，示范推广滴灌施肥、喷灌施肥等技术，每年建立核心示范区 67 hm^2 以上，辐射带动 0.5 万 hm^2，不断推进水溶肥的应用市场，促进水肥一体化技术下地，提高肥料和水资源利用效率[53]。

三、效益分析

（一）社会效益

1. 群众施肥意识水平明显提高。随着中低产田改良工作深入开展，传统的施肥习惯，逐步得到摒弃改变，广大农民科学施肥、改土培肥的意识明显增强，接受新技术的自觉性大大提高。

2. 土肥技术推广力量得到加强。进一步加强了农业技术推广、教学科研、农技人员与农民之间的紧密联系，同时通过项目投入和带动，使我们着力推广的各项技术得到整体发挥。

3. 指标体系更新，监测评价完善。在大宗农作物施肥指标体系和耕地地力评价工作的基础上，开展蔬菜和瓜果等特色经济作物的施肥指标体系建立和耕地地力评价工作。对于多年来的农作物秸秆还田长期定位监测数据进行整理汇总，依托安徽农业大学，开展秸秆全量还田效果风险评价，形成秸秆还田长期监测效果评价报告。

4. 施肥结构优化。科学施肥观念不断普及，人工浅施向机械深施转变，机械施肥占主要农作物种植面积的 50%以上。施肥结构逐步向多元化发展：有机无机结合施用，氮、磷、钾与中微量元素等结合施用，缓（控）释肥、生物菌肥、液态肥等新型肥料与普通肥料结合使用，设施栽培与水肥一体化结合使用，秸秆还田与深耕深翻结合，冬闲与绿肥免耕种植结合。

（二）经济效益

1. 肥料利用率得到提高。实施中低产田改良措施后，相应田块氮、磷、钾肥料利用率明显提高，实现了“改土、增效、节本”的目标，降低了农业生产成本，也避免了过量施肥导致的耕地质量下降。

2. 提高作物产量，改善品质，经济效益明显。通过多年中低产田改良，可以明显看出经济效益显著，以土壤调理剂为例，与非项目区相比，项目区内大田作物长势较好，肥料（折纯）每公顷均减少 22.5 kg，水稻分蘖数比对照增加幅度平均在 8%～11.2%，产量增加幅度平均在 13.7%以上，小麦增产幅度在

6.4%，油菜增产幅度在7.6%，萝卜等蔬菜作物增产幅度在14.6%以上。瓜果蔬菜施用了土壤调理剂，口感变得更好，肥东县4年推广面积共有4 500 hm^2，累计增收750万元。

（三）生态效益

1. 减肥成效明显，质量提升显著。自耕地质量提升工作开展以来，肥东县全年肥料使用总量由6.0万t下降到目前4.9万t（折纯）。其中，配方肥施用量由2014年的2.2万t增加到目前3.67万t（折纯）。与非示范区相比，2018年示范区土壤有机质同比提升5.7%。

2. 改善土壤性状，增强保肥保水能力。实施中低产田改良措施后，通过对土壤监测分析看出，土壤容重降低，孔隙度增加，土壤中微量元素的活性更强，盐离子对农作物的毒害作用减轻，调节了使土壤酸碱性。同时土壤保水保肥能力得到提升，作物后期叶青秆壮，生长稳健，结实率高，并发现土壤板结贫瘠、平整过后的田块，土壤有机质含量低的中低产田改良效果更加明显。

3. 增强作物抗性，提高农产品品质。中低产田改良有利于提高作物抗病性，在水稻孕穗期秧苗纹枯病病株率较一般田块降低3～4个百分点，稻曲病病株率平均降低15.4%，水稻抗病性显著增强，有效改善了农田生态环境，也有利于农产品品质的提高。

第九章　耕地质量提升技术推广与管理体系建设

肥东县耕地数量有限、后备资源不足，耕地质量提升虽取得不错的效果，然而仍存在一些问题。部分农业经营主体及个体户一味追求经济利益，不重视中低产地的改良，田间管理粗放；农村集体经济力量薄弱，农村劳动力大量流出，难以召集群众挖沟清淤，农田渠道堵塞日益加重；农村有机肥源减少，市场上有机肥价格较高，且不及化肥见效快，同时粮食价格走低，农民施用有机肥的积极性不高。要提高农业综合生产能力，保障农产品优质安全，必须从单纯注重数量保护向数量质量保护并重转变。为此，县政府组织实施耕地质量建设与管理项目，组织专业人员，加大普及力度，力争让科学用地理念深入人心，让用养结合成为习惯。引导农民积极培肥地力，摒弃盲目追求短期收益、忽视长期投入、不顾农业生态保护的错误思想。整合各个部门的资源优势，建立健全耕地保护与质量提升长效奖励机制，并对各项耕地质量提升技术进行了全面推广。

第一节　耕地质量提升技术的推广

一、耕地质量提升能力建设

（一）技术服务队伍的建设

一是技术骨干队伍壮大。以前由于缺少农业项目，很多基层农技人员不从事农业方面的工作，对农业技术不重视，因此也很少参加农业方面的技术培训，渐渐地在技术方面、农业信息更新方面落伍。自测土配方施肥项目开展以来，让大家又重新回到本职岗位上；由于测土配方施肥项目内容多，原来的技术人员已经不能满足项目任务的需要，因此肥东县农业农村局农业技术综合服务中心先是从农业院校新招了 2 名本科生，后又招考了 1 名研究生。二是科学种田的农民队伍壮大。在测土配方施肥项目实施之前，农户的科学种植意识淡薄，经过测土配方施肥、有机质提升等项目的多年实施和大力的宣传培训，农民具有了科学种植的观念，对于新技术、新方法的应用起到了积极的推动作用。

（二）标准化验室的建设

肥东土壤肥料化验室始建于 20 世纪 80 年代初，承担过全国第二次土壤普查测土化验任务，隶属肥东县土壤肥料工作站，常年开展土壤肥料、食品化验工作，同时承担全县易旱田区土壤墒情监测和黄淮海农业综合开发二次加灌项目区土壤肥力定点监测任务，现有专职化验工作人员5名，面积约400 m^2，拥有化验检测设备200万元。

肥东县原有的化验室面积不足200 m^2，土壤样品日处理能力不足10个，严重制约和影响着测土配方施肥技术的推广应用。为满足测土配方施肥工作的需求，2005年，通过项目带动，共投资50多万元，对原化验室进行扩建改造并装修一新，保留了常规分析化验设备及实验室，同时配备样品干燥室、样品处理室、样品保存室、原子吸收室、总控室、紫外分光光度计室、称量室、加液室、操作室、制水室（纯水、淋洗、搅拌）、档案室及办公室，总面积扩大到400 m^2，配备8台电脑、8台空调、购置紫外分光光度计、原子吸收分光仪、电子天平、数控恒温箱、酸度计、定氮仪等分析化验仪器。2009年4月借助国家标准粮田建设项目，对化验室水路、电路进行重新布置改造，增添20台化验仪器设备，改善化验室装备条件。

2012年6月肥东县土壤肥料化验室通过了计量认证和资质认证，2015年8月通过第一次复审及扩项认证，批准认定了土壤、肥料等9个产品51个参数检测方法，可以向社会提供准确、公正、权威的土壤、肥料检测数据，为农业生产提供强大的技术支持。化验室严格按照内审、管理评审等质量管理体系文件要求，进行化验室的日常运行。定期开展内审员培训，做好检测仪器设备的检定校准，做好样品、试剂的登记管理，开展能力验证，定期接受省、市技术监督局的监督检查，定期招标更新采购检测仪器设备和药品试剂。化验室运行良好。

二、农民教育培训

自2014年以来连续五年安徽省把农民教育培训工作写入省委1号文件，省政府办公厅也出台文件，对全省农民教育培训工作作出全面部署。肥东县农业技术综合服务中心与肥东县农广校合力承担了每一年的农民培训，同时肥东县出台了《肥东县人民政府办公室关于印发肥东县新型职业农民认定管理办法》。肥东县初步建立了联动教育培训体系，将所有生产经营型农民纳入科技示范户，给予重点扶持。

开展农民教育培训，是提高农民素质、发展现代农业的重要途径，是发挥农民主体作用、推进新农村建设的重要抓手，是转移农村劳动力、增加农民收入的重要手段。因此，摆在农技推广部门的主要任务是：以科学发展观统领全局，以建设社会主义新农村为总抓手，全面提升农民素质，搞好农村人才培养、劳动技能培养、思想观念培养。培训工作必须创新培训思路，创新培训机制，创新培训内容，创新培训方式，坚持“实际、实用、实效”的原则，全面开展现代农民致富技能培训工作，不断摸索现代农民技术培训的新模式。

1. 示范型培训模式。典型示范型培训模式是通过农业科技示范园和示范基地，树立区域农业科技发展的典型，构建农业科技成果转化的平台，形成农业科技培训基地，引导广大农民自觉自愿地进行科技学习的一种农民培训形式。科技示范园里新品种、新技术等一目了然，实例鲜活，学习直观，可以直接说给农民听、做给农民看、带着农民干，农民易于接受。

2. 传导型培训模式。现场传导型农民培训模式是指在农村田间地头对农民进行讲解、示范、操作和解答等活动的培训形式。直接面对农民，以从事农业生产的一线农民作为培训对象，指导人员与农民零距离交流，这样对于文化程度偏低的农民学员最为适宜。直接在现场开展培训，着重解决当前实践生产和工作中的问题与推广运用新技术，针对性与操作性强。培训内容紧密围绕实践生产和工作中所需的知识，诸如种植、养殖、追肥、灭草、防虫、治病等，有针对性地答农所问、释农所疑、解农所惑。

3. 媒体传播型培训模式。媒体传播型培训模式是指通过传统的电子媒体（大喇叭广播、电视、音像材料）和印刷媒体（明白纸、科技小报）等技术手段对农民进行现代农业科学技术知识培训的一种形式。一是以现有各类成人学校、就业培训中心和农技培训中心为基础，积极引导企业和民营集团参与农民培训。二是教育、劳动保障、农业等部门要按照合理布局、方便学员的原则，选择定点培训基地，逐步形成县、乡、村三级培训网络。三是充分利用成校职校，进行农业技术教育。整合教育资源，完善教育内容，积极鼓励各类科技人员发挥专长参加培训授课，以此提高农业技术教育水平。在充分发挥县农广校、成人教育学校、职教中心、农民科技培训中心现有职能的基础上，充实和完善教育培训机构，加强实习基地建设，充实师资力量、完善教学培训条件，扩大培训规模，提高培训的质量和效益。

4. 能人培育型模式。能人培育型培训模式是指立足当前，放眼长远，紧密结合农村经济社会发展实际需要，培养一批科技、经济和管理能人，再通过这些能人影响和带动一方百姓共同富裕的培训形式。要求培训对象是农民中的精英，善于抓住机遇、刻苦学习、富于创造与实干的农村青年、农业科技示范户、科技致富能手等。在培训内容上要按照农业结构调整和实现农业产业化经营的目标，设置相应专业课程，开展现代农业科技知识、市场经济知识、法律知识、科学文化知识、农村实用技术的系统教育与培训，以求全面提高其综合素质。

5. 项目推动型培训模式。项目推动型培训模式是指以高科技农业科技项目为载体，以服务于农民致富、提高农民素质和产业经营能力、实现科技成果转化为目的，采用现场指导、课堂教学、广播电视、参观考察等多样化的培训途径和方法进行项目培训，并提供产、供、销配套综合服务的培训样式。一是选准选好项目。二是进行试点示范。三是组织农科教各方力量，落实师资、场所、基地、经费，着手开展项目培训。四是在项目培训和推广过程中，不断扩大项目生产规模，形成贸工农一体化、产加销一条龙的生产经营体系，使农业生产走上产业化道路。

三、相关技术改进与创新

（一）形成新技术

通过开展测土配方施肥，加强与安徽农业大学的合作关系，研制出县域资源管理系统、测土配方施肥管理系统、测土配方施肥专家决策系统，绘制出全县和18个乡镇的土壤养分图、施肥分区图、中低产田图。在大宗农作物施肥指标体系和耕地地力评价工作的基础上，有针对性地开展蔬菜和瓜果等特色经济作物的施肥指标体系建立和耕地质量评价工作。

（二）创新土壤测试方法

2005年测土配方施肥项目启动时，化验室购置一整套土壤养分状况系统研究法（ASI）测试方法的仪器设备。在使用过程中发现，虽然ASI测试方法便捷、快速，但在实验室现有设备与测试人员技术基础上不能很好地达到稳定的效果。因此，测试人员改进单一的测试方法，把常规测试方法和ASI测试方法结合起来，利用传统方法的稳定性和ASI方法的快捷性组合一种新的测试方法。

（三）研发取土器专利

该取土器是肥东县土壤肥料工作站高级农艺师孙秀伦站长精心发明设计，轻便、耐用，美观大方，携带方便，省工省时，并且标有刻度，使用非常方便。近几年来在实际操作中不断改进，目前在全省大部分兄弟项目县、市推广使用，并在2007年荣获国家知识产权局颁发的专利证（证号：2007200450189）。

（四）建立智能土肥新模式

整合面源污染项目资金，依托安徽农业大学，利用更新完成的县域测土配方施肥系统，与安徽省肥东县磷肥厂等单位合作，在原有的人工配肥站的基础上升级改造建立了1个智能配肥站，主要利用肥东县测土配方施肥数据库、土壤养分状况、农作需肥、施肥模型等，为肥东县各个区域量身定制配方肥、精准施肥，现配现用，实现配方的多元化、智能化，也充分发挥企业参与配方肥推广和开展个性化供肥服务的效能。

第二节 “政用产学研”合作模式的应用

一、模式介绍

（一）概念

“政用产学研”是一种创新合作系统工程，是生产、学习、科学研究、实践运用的系统合作，是技术创新上、中、下游及创新环境与最终用户的对接与耦合，是对产学研结合在认识上、实践上的又一次深化。随着信息技术的发展和创新形态的演变，政府在开放创新平台搭建和政策引导中的作用以及用户在创新进程中的主体地位进一步凸显。

（二）具体形式

“政用产学研”合作模式就是以“政用产学研”协同创新主体为研究对象，分析政府、用户、企业、高校、科研机构在协同创新体系中的作用，最后对肥东县“政府＋农民”“政府＋企业＋农民”“政府＋科研＋高校”“政府＋农民＋企业＋院校”等4种典型的“政用产学研”合作模式进行了探讨，从而为新型合作模式的研究提供一定的理论参考和借鉴。

（三）各个组成的作用

1. 政（政府机构）。政府在“政用产学研”协同创新中，应做好总揽全局，统筹兼顾，对重点行业以及重点领域的共性和关键技术进行规划，全力配合企业同高校、科研院所一起开展技术创新研究。政府要对“政用产学研”协同创新进行引导和扶持，同时要加强创新环境的建设，出台明确的法律政策来确保“政用产学研”各创新主体的合法权益、知识产权归属等重要问题，同时也要制定财政、税收、金融等多项政策来鼓励“政用产学研”协同创新快速高效的发展。

2. 用（农民）。知识社会以及创新民主化的进程使得生活、工作在社会中的用户、大众成为创新的主体，传统意义的实验室的边界以及创新活动的边界也随之“融化”。以生产者为中心的创新模式正在向以用户为中心的创新模式改变。随着我国未来土地流转的趋势，新型农业经营主体将成为农业的主力军，本技术将新型农业经营主体纳入主要研究，为新型农业经营主体的社会化服务提供了便利性。

3. 产（企业主体）。企业是技术创新的主体，想取得竞争优势并实现可持续发展，就需要不断更新产品，在产品或技术上进行创新。然而，单个企业要进行创新，可能面临技术跟不上、创新不到位、资金不足等困难，因此企业必须要联合政府、高校、科研机构、用户等各创新主体，共同进行创新，弥补单个企业在资源、信息、技术等方面的缺陷。同时，企业要不断收集市场用户的反馈信息，整理出创新需求，因此企业既是“政用产学研”协同创新的组织者，也是面向市场需求的创新资源整合者。

4. 校（高等学校）。高校在“政用产学研”协同创新中发挥着重要的作用，高校要不断培养高效人才，同时也积极对社会的前沿领域进行研究，提供知识创新和技术创新服务。面对“政用产学研”协同创新，高校人员在进行科研工作时，要充分重视市场的需求，使创新成果能够更接近生产实际，能够被企业充分吸收和转化。因此，高校要鼓励开展不同层次的科研和技术创新活动，不断加强知识、信息的交流，为企业科技创新提供技术指导和服务，同时高校要不断加强高层次人才的培养和输送，使得在知识领域更加专业，见解更加独特。

5. 研（科研机构）。科研机构在“政用产学研”协同创新中主要扮演着技术引领的角色，主要做一些应用研究，与高校一样，为协同创新方向提供指导，同时也是主要的知识贡献者。企业与科研机构之间可以经常举办一些技术与知识的交流，使企业可以更好地了解科研机构一些学术研究前沿，达成合作统一战线，形成协同创新发展战略。企业可以从科研机构处获取最新的研究方向，提供创新技术支持，也可以直接获取科技研究成果，再将科研成果付诸实际应用，实现科研成果向现实生产力的转化，直接面向市场消费者，达到双赢的局面。

二、肥东县“政用产学研”典型合作模式

（一）“政府＋农民”合作模式

政府以集约项目、集中力量、集成技术为手段，以种植大户、家庭农场、专业合作组织等新型农业经营主体为重点合作对象，创建“政府＋农民”的合作模式，集成展示推广和土肥新技术、新产品，推动耕地质量提升，实现“藏粮于技”。

1. 开展示范展示，让利于民。整合测土配方施肥、有机质提升等项目资金，通过实施自主申报、乡镇初审、专家评审等方式遴选出交通便捷、基础条件好、管理水平高的新型农业经营主体作为各种示范区创建主体，根据统一要求，对示范主体进行物化或资金补贴。通过示范带动，全面推动土肥技术的推广应用。

2. 开展个性指导，服务于民。聚焦家庭农场、专业大户、农民合作社等新型农业经营主体，开展专业化、个性化、全程化测土配方施肥服务，引导其增施有机肥、配方施肥、减量施肥，开展肥料统配统施，跟踪技术服务效果，对农户进行物化或资金补贴，带动农民巧施肥、施好肥，提高科学施肥水平。

3. 开展宣传培训，引导于民。结合农技推广补助项目，肥东县组织农业技术人员开展包村联户技术指导服务，广大技术人员以指导新型农业经营主体、科技示范户作为工作抓手，就地就近服务新型农业经营主体；在农业生产关键时

期，利用电视、网络、科技下乡等方式开展宣传；结合农民培训，通过田间课堂、科技下乡、包村联户等方式开展多种形式的技术培训与指导服务。

（二）"政府＋企业＋农民"合作模式

政府强化服务意识，积极搭建平台，为企业提供全方位、多层次、一体化服务，充分调动企业在耕地质量提升与化肥零增长工作中的积极性、创造性，构建"亲""清"新型的"政府＋企业＋农民"合作模式。

1. 发布配方，实现信息对接。肥东县每年调整发布主要农作物区域配方13个，其中水稻、油菜、小麦各3种配方，玉米、棉花各1种配方肥，蔬菜2种配方肥（分叶菜类和茄果类）。配方信息通过政府信息网、村级公示栏、企业送达等方式进行发布与公示。指导企业按方生产，充分调动企业在耕地保护与质量提升工作中的积极性、创造性。

2. 搭建平台，实现供需对接。根据农业生产用肥需求季节特点，适时组织肥料生产企业、销售商、新型经营主体，开展供需对接活动，交流农业生产肥料使用量、肥料品种等实际需求，以需定产、按方配肥、定向供应，促进配方肥应用。

3. 创建示范，实现技物对接。依托配方肥标准店和肥料销售网点，开展送肥料、送技术活动，进行新肥料示范展示，推进配方肥进村入户到田，对其推广配方肥、有机肥、缓释肥等新型肥料的服务进行补助。积极探索公益性服务与经营性服务结合、政府购买服务的有效模式，激励新型农业经营主体、社会化服务组织开展统配统施、配方肥推广等服务，支持专业化、社会化服务组织发展。

（三）"政府＋科研＋高校"合作模式

促进科研院校与地方政府之间的深度合作，组织和引导科研院校深入服务乡村振兴战略，利用科研院校的力量突破现有技术瓶颈，解决制约和影响耕地质量提升的关键技术问题。肥东县依托安徽农业大学和安徽省农业科学院的技术力量进行专家系统软件的开发、耕地质量的综合评价、科研成果推广等专业性强的研究工作。

1. 开展耕地地力评价。肥东县耕地地力评价工作于2008年完成第一次评价，2014年完成了评价内容更新，18个乡镇、340个行政村、约8万hm^2常用耕地参加了耕地地力评价。肥东县农业局农业技术综合服务中心土肥站在县民政、国土、统计、林业、水利、农机等部门配合下，完成了基础数据和图件资料收集整理以及各项成果调查、核实、检验及工作报告的编写等工作；安徽农业大学主要负责图件数字化，建立评价模型，地力等级划分与成果输出，建立县域耕地资源管理信息系统，在此基础上，编写县域耕地地力评价技术报告以及耕地改良利用、作物适宜性评价和种植业布局等专题报告。

2. 拓展蔬菜地质量评价。肥东县2018年在耕地地力评价的基础上，拓展了蔬菜地耕地质量评价，该项工作主要由县农业农村局农业技术综合服务中心组织实施，主要负责基础数据和图件资料收集与整理以及室外调查核实等外业工作。成果图件、矢量成果图件、评价报告和数据表格编制等内业工作主要由安徽农业大学资源环境与信息技术研究所承担。

3. 建设监测网络体系。肥东县依托安徽农业大学将土壤图、行政区划图与地力评价图“三图”叠加，按照每 667 hm^2 耕地不少于 1 个点的标准，在全县范围内网格化布设、精准定位 220 个耕地质量调查点，开展土壤样品采集和施肥调查，为全县耕地质量调查评价工作提供和政府考核提供数据依据。

4. 创新推进智慧土肥。依托安徽农业大学的技术力量，积极推进“互联网＋土肥”。运用数字化、信息化、智能化等手段，全面改造提升传统土肥技术。建立健全测土配方施肥信息平台，不断完善“县域测土配方施肥专家系统”，及时更新数据，加强运行维护。应用手机、触摸屏和电脑等终端设备，开发短信、微信等方式，查询测土配方施肥相关信息，强化测土配方施肥成果转化应用，指导生产实践。在墒情监测、耕地质量检测、水肥一体化等方面运用物联网等先进手段，推动土肥水精准管理，加强耕地质量智慧监测，提高智慧土肥信息化服务水平[54-55]。

5. 科研参与解决难题。肥东县农业农村局积极与安徽省农业科学院、合肥市农业科学院（国家油菜现代产业技术体系巢湖综合试验站）等科研院校合作，在项目实施过程中，利用科研单位的技术力量，开展一系列试验示范、数据分析等。科研院校依托肥东县农业农村局农业技术综合服务中心开展了：丘陵稻—麦区亚耕层培肥和持续增产技术研究与示范，大棚辣椒 2＋X 田间肥效试验，2014 年对中国安徽省扩散型硅肥“稻田恩博”施用技术研究，2012—2015 年氮肥不同施用方法对油菜产量的效应研究等一系列肥料试验。

（四）“政府＋农民＋企业＋院校”合作模式

政府建立配方肥销售网点，并在现有配方肥销售网点中公开遴选出 3 家作为配方肥标准店，统一配备标示牌、宣传栏、测土配方施肥专家系统（触摸屏），打造配方肥销售点的模板。近年来，新型农业经营主体快速崛起，对精准施肥的需求越来越迫切，为满足新型农业经营主体以及整村供应配方肥等个性化服务，肥东县农业部门指导配肥站所属企业开展个性化配肥。

第三节　精准养分管理体系建设

一、养分数据库建设

（一）建立属性数据库

养分数据库建设是整个项目实施过程中的重点，也是难点和薄弱环节。为充分了解耕地质量的现状，合理利用并保护好现有的耕地资源，更好更快地为农业、农民和农村服务，肥东县在农业部测土配方施肥项目中引进“农业部测土配方施肥数据汇总系统”和“县域耕地资源管理信息系统”，并在省土壤肥料总站和北京中园博望科技发展有限公司的技术支持下，先后多次派出精干技术人员参加测土配方施肥项目数据管理软件的实用操作及升级培训，启动了安徽省测土配方施肥项目监督管理系统。

自 2005 年实施测土配方施肥以来，测土配方施肥数据管理系统经历系统升级换代多达 6 次，去外地实地培训多达 3 次。2010 年由北京中园版系统过渡到扬州版过程中，数据经过了多轮的更改校正。县农业技术综合服务中心抽调数名熟悉电脑操作的技术人员，集中时间，录入采样地块基本情况表 1.5 万余份、农户施肥调查表 1.9 万余份、土壤测试汇总表 1.3 万余份及田间试验示范结果汇总表、植物测试结果表等近 1 000 份，共计 4.8 万份，并全部通过审核上报，基本建立覆盖全县的县级土壤属性数据库，实现常态管理，专人维护。数据库录入为 2007 年和 2013 年的耕地地力评价工作奠定了数据支撑，同时为 2018 年的蔬菜地质量评价提供数据基础。

（二）建立空间数据库

与安徽农业大学资源与环境学院合作，完成土壤采样点图、耕地土壤养分图、耕地地力等级图、作物适宜性种植图、作物测土配方施肥分区图、中低产田类型图等 360 份，并通过构建模型，对耕地生产潜力、耕地适宜性、环境质量、土壤养分状况等做出专题评价，实现科学施肥现代化管理。

（三）存在问题与建议

数据的系统应用处于摸索阶段，应用中数据的准确性、相关性等无法确保。同时存在着应用操作不方便、更新缓慢、各阶段点面的数据应用不完善等问题。因此数据的采集、检测、筛选等需要专业级别人员进行完善和提升。

二、肥料与施肥专家系统软件的研发

（一）背景

自 2005 年以来，农业部在安徽省实施了测土配方施肥项目。多年的测土配方施肥工作，汇集了海量的测土配方成果数据。为了充分利用这些数据成果，使其真正发挥最大作用，指导农民农业生产工作，安徽农业大学进行了多年的科学研究和技术开发，在安徽省精准施肥指标体系和施肥模型研究基础上，开发出了“测土配方施肥专家决策系统”“基于 WebGIS 配方与精准施肥查询系统”“配方与精准施肥移动 GPS 查询系统”“基于微信公众平台土壤养分与作物施肥配方查询系统”“‘互联网＋’智能配肥系统”一系列系统，该系列系统以信息技术为核心，在测土配方数据成果之上，利用了精准配方施肥指标体系、精准施肥配方和智能配肥模型、“3S”技术与数据库技术相结合、人机交互技术、云计算技术、互联网技术和物联网技术等现代科学技术开发。目前“3S”技术在现代农业方面的应用主要体现在精准农业研究和应用上。互联网+精准施肥配方与智能配肥的研究实质就是通过各种技术手段来获取农田内不同单元小区的农作物具体的生产环境信息，并根据这些信息确定各个小区内的最为经济和科学合理的农业生产投入，达到获得经济、环境等方面最高回报的目的，从而实现农业生产的精准管理。

（二）各系统介绍

1. 耕地测土配方施肥专家决策系统（触摸屏）**。**2010 年开发了测土配方施肥专家决策系统（触摸屏），率先在响导乡、长临河镇、石塘镇、店埠镇推广应用，并逐步向全县重点乡镇推广。现肥东县共配备了 8 台测土配方施肥专家咨询系统（触摸屏），放置在肥料销售网点和部分交通便捷的村居，方便农民查找自家田块，获取相应配方施肥方案，直接在肥料销售点选肥购肥。

2. 耕地质量预警系统。2012 年肥东县耕地质量预警系统投入使用。实现常年动态监测，依据监测和实验结果，及时上报耕地质量数据库数据，实现对全县耕地质量的动态管理。

3. 基于万维网地理信息系统（WebGIS）**配方与精准施肥查询系统。**2013 年开发和应用了肥东县等基于 WebGIS 配方与精准施肥查询系统。网上查询系统适用于具备上网条件的基层干部和农技人员，方便他们在田间为农民提供技术指导。

4. 配方与精准施肥移动 GPS 查询系统。2012 年开发和应用了肥东县测土配方与精准施肥移动 GPS 手机查询系统专业版。系统分为用户版和管理员版。其中用户版主要包括地图、订单和用户管理 3 个部分，管理员版供配肥站管理人员接收订单，审核、管理、确定生产使用。本软件的特点是用户进入所在县市，手持移动终端，通过 GPS 实时精准定位或者搜索查询的方式，即可查询当前所在地块的基本信息、大量元素、中微量元素等情况，并在选择作物种类、目标产量、施肥面积、施肥单位后，可获取当前地块的推荐施肥配方、推荐用量、肥料用量和施肥指导等信息。在选择肥料原材料，设置配送地址后，进行订单创建，用户可直接将推荐的施肥配方、用量直接下单发送到附近的配肥站进行生产，配肥站审核后即可生产并配送到指定地点进行施肥。

5. 基于微信公众平台土壤养分与施肥配方查询系统。2015—2016 年，开发和应用了肥东县基于微信公众平台土壤养分与施肥配方查询系统。用户在界面中通过发送位置短信或施肥指导单元图代码和地块编号，可以免费、方便查询耕地等级、施肥方案、土壤养分等信息，指导新型农业经营主体科学施肥。

6. “互联网＋”智能配肥系统。充分利用“互联网＋”智能配肥与精准施肥相结合，实现精准施肥，响应农业部化肥减量化的号召。2017 年肥东县整合面源污染项目资金，依托安徽农业大学，利用更新完成的县域测土配方施肥系统，与安徽省肥东县磷肥厂等单位合作，在原有的人工配肥站的基础上升级改造建立了 1 个智能配肥站，主要利用肥东县测土配方施肥数据库、土壤养分状况、农作需肥、施肥模型等，为肥东县各个区域量身定制配方肥，精准施肥，现配现用，实现配方的多元化、智能化，也充分发挥企业参与配方肥推广和开展个性化供肥服务的效能。

三、配方肥的应用与推广

（一）加强配方肥生产供应管理

肥料企业和实施单位参与配肥供肥过程中，及时明确双方的权利和义务，并形成合同文件加以约束。择优一批具备肥料销售推广能力和诚信服务要求的经销商，经考核合格后挂牌销售、持证上岗，并要求经销商建立肥料销售台账。为了便于识别配方肥料，我们统一设计了带有标识的配方肥包装袋样式，明确了配方肥销售推广区域，同时在县电视台以字幕形式滚动播出，并对配方肥质量开展定期抽检。

（二）探索建立配方肥推广应用模式

以推广技术和配方肥为重点，以整建制推进为抓手，加快测土配方施肥技术推广普及和配方肥下田，探索了配方肥推广的四大模式。

1. 行政推动配方肥直供到村。依靠行政力量、部门主推、多方参与、分类指导、示范带动，特别是结合粮油高产创建、园艺作物标准园创建等项目实施，有效提高技术覆盖率和配方肥到位率，这是当前整建制推进的主流模式。

2. 农业部门组织配方肥直供大户、家庭农场和专业合作社。以开展测土配方施肥技术宣传和技术指导服务为切入点，为大户、家庭农场和专业合作社提供优质肥料产品、科学的施肥技术，实现配方肥从工厂到田间的无缝对接。

3. 肥料企业主导配方肥连锁配送式。通过农技部门发布配方，引导企业按方生产，建立配方肥现代物流体系，发展企业连锁配送服务。

4. 政府引导示范片统测统配统供统施式。结合粮油高产创建、土壤有机质提升、中低产田改造及农业综合开发等一批重大农业项目实施，探索建立专业化的统测统配统供统施服务模式，实现“配方肥到田”零环节直供。利用项目资金，探索实行配方肥在示范区推广应用的补贴措施，降低配方肥价格门槛，引导和鼓励农民施用配方肥。

（三）配方肥应用效果

配方肥应用由“要我用”变成“我要用”，肥东县配方肥应用率占基肥的75%以上。12 年（2006—2017 年）累计销售配方肥 42.31 万 t，施用面积106 万 hm^2。

1. 经济效益。通过调查，施用配方肥显著增加产量，促进农业增产增收。平均每公顷水稻增产 270 kg、小麦增产 300 kg、油菜增产 120 kg、玉米增产 300 kg，平均每公顷减少不合理施施肥（折纯）15 kg、增加纯收益约 675 元，全县减少不合理施肥（折纯）2 400 t、增加纯收益 10 800 万元。

2. 社会效益。提高了农民科学施肥水平。2005 年测土配方施肥项目实施以后，农民施肥数量、品种、施肥次数有了明显的变化，品种变化表现为由碳铵、磷肥向配方肥等复混肥转变；施肥次数由原来“一炮轰”向分期施肥转变，由原来重基肥、轻追肥向重追肥转变。

3. 生态效益。改善施肥结构。根据 2005 年和 2014 年农户施肥调查结果来看，平均每公顷作物减少不合理施氮量（折纯）15 kg，氮磷钾比例由原来1∶0.26∶0.14改变为 1∶0.33∶0.38，越来越趋向合理化。

参考文献

[1] 徐明岗，卢昌艾，张文菊，等．我国耕地质量状况与提升对策［J］．中国农业资源与区划，2016，37（7）：8－14.
[2] 李荣，徐明岗，沈仁芳．耕地质量等级标准化实践［M］．北京：中国农业出版社，2018.
[3] 付国珍，摆万奇．耕地质量评价研究进展及发展趋势［J］．资源科学，2015，37（2）：226－236.
[4] STEENWERTH K，BELINA K. Cover crops enhance soil organic matter，carbon dynamics and microbiological function in a vineyard agroecosystem［J］. Applied Soil Ecology，2008，40（2）：359－369.
[5] 孟志伟．安徽省肥东县耕地地力评价与应用［M］．北京：中国农业出版社，2011.
[6] 潘剑君．土壤调查与制图［M］．北京：中国农业出版社，2010.
[7] 胡月明，刘洛，王广兴，等．耕地质量建设与管理［M］．北京：科学出版社，2017.
[8] 李小刚，马友华，王强，等．县域耕地土壤养分的时空变化及区域施肥研究——以肥东县为例［J］．土壤，2014，46（6）：976－983.
[9] 黄昌勇，徐建明．土壤学［M］．北京：中国农业出版社，2010.
[10] 张凤荣．土壤地理学［M］．北京：中国农业出版社，2013.
[11] 陈怀满．环境土壤学［M］．北京：科学出版社，2013.
[12] 吴化勤．牌坊乡建设蔬菜生产之乡的成效、做法、问题及建议［J］．安徽农学通报，2013，19（14）：67－68.
[13] 赵万远．设施园艺发展现状及肥东县设施园艺发展相关问题探讨［J］．安徽农学通报，2010，16（13）：119－120＋129.
[14] 刘红．肥东县水生蔬菜产业发展现状及对策［J］．现代农业科技，2019（8）：84－86.
[15] 刘增兵，束爱萍，刘光荣，等．有机肥替代化肥对双季稻产量和土壤养分的影响［J］．江西农业学报，2018，30（11）：35－39.
[16] GUAN M L，XUE C Z，WANG X P，et al. Soil enzymes as indicators of saline soil fertility under various soil amendments［J］. Agriculture，Ecosystems and Environment，2017，237：274－279.
[17] ZHOU X，CHENG C，WANG Y，et al. Warming and increased precipitation have differential effects on soil extra cellular enzyme activities in a temperate grassland［J］. Science of Total Environment，2013，444（2）：552－558.
[18] MUKHERJEE A，LAL R，ZIMMERMAN A R. Effects of biochar and other amendments on the physical properties and green house gas emissions of an artificially degraded

soil [J]. Science of Total Environment，2014，487 (1)：26 - 36.

[19] GARCIA-RUIZ R，OCHOA V，HINOJOSA M B，et al. Suitability of enzyme activities for the monitoring of soil quality improvement in organic agricultural systems [J]. Soil Biology and Biochemistry，2008，40：2137 - 2145.

[20] 王玉龙．有机肥替代化肥对作物产量和土壤肥力的影响 [J]．现代农业科技，2019 (12)：172，176.

[21] 温延臣，张曰东，袁亮，等．商品有机肥替代化肥对作物产量和土壤肥力的影响 [J]. 中国农业科学，2018，51 (11)：2136 - 2142.

[22] HENDRICKS G S，SHUKLA S，OBREZA T A，et al. Measurement and modeling of phosphorous transport in shallow groundwater environments [J]. Journal of Contaminant Hydrology，2014，164：125 - 137.

[23] CAO Y S，TIAN Y H，YIN B，et al. Improving agronomic practices to reduce nitrate leaching from the rice wheat rotation system [J]. Agriculture，Ecosystems and Environment，2014，195：61 - 67.

[24] GU L M，LIU T N，ZHAO J，et al. Nitrate leaching of winter wheat grown in lysimeters as affected by fertilizers and irrigation on the North China Plain [J]. Journal of Integrative Agriculture，2015，14 (2)：374 - 388.

[25] CAI Z C，QIN S W. Dynamics of crop yields and soil organic carbon in a long-term fertilization experiment in the Huang-Huai-Hai Plain of China [J]. Geoderma，2006，136：708 - 715.

[26] CAI Y J，DING W X，LUO J F. Nitrous oxide emissions from Chinese maize-wheat rotation systems：A 3 - year field measurement [J]. Atmospheric Environment，2013，65：112 - 122.

[27] WEI W L，YAN Y，CAO J，CHRISTIE P，et al. Effects of combined application of organic amendments and fertilizers on crop yield and soil organic matter：An integrated analysis of long-term experiments [J]. Agriculture，Ecosystems and Environment，2016，225：86 - 92.

[28] LIU Y R，LI X，SHEN Q R，et al. Enzyme activity in water-stable soil aggregates as affected by long-term application of organic manure and chemical fertilizer [J]. Pedosphere，2013，23 (1)：111 - 119.

[29] LU H J，YE Z Q，ZHANG X L，et al. Growth and yield responses of crops and macronutrient balance influenced by commercial organic manure used as a partial substitute for chemical fertilizers in an intensive vegetable cropping system [J]. Physics and Chemistry of the Earth，Parts A/B/C，2011，36：387 - 394.

[30] 何欣，荣湘民，谢勇，等．化肥减量与有机肥替代对水稻产量与养分利用率的影响[J]. 湖南农业科学，2017 (3)：31 - 34.

[31] 祝英，王治业，彭轶楠，等．有机肥替代部分化肥对土壤肥力和微生物特征的影响[J].

土壤通报，2015，46（5）：1161－1167.
[32] MARMO L. EU strategies and policies on soil and waste management to offset greenhouse gas emissions [J]. Waste Manag，2008，28：685－689.
[33] RAMIA J，RAINER G J，CHRISTIAN B. Organic fertilizer effects on growth，crop yield，and soil microbial biomass indices in sole and inter cropped peas and oats under organic farming conditions [J]. Europ. J Agronomy，2014，52：259－270.
[34] LIAO Y L，ZHENG S X，NIE J，et al. Long-term effect of fertilizer and rice straw on mineral composition and potassium adsorption in a reddish paddy soil [J]. Journal of Integrative Agriculture，2013，12（4）：694－710.
[35] LAL R. Beyond Copenhagen：mitigating climate change and achieving food security through soil carbon sequestration [J]. Food Security，2010，2（2）：169－177.
[36] YAN D Z，WANG D J，YANG L Z. Long-term effect of chemical fertilizer，straw，and manure on labile organic matter fractions in apaddy soil [J]. Biology and Fertility of Soils，2007，44：93－101.
[37] 赵士诚，曹彩云，李科江，等．长期秸秆还田对华北潮土肥力、氮库组分及作物产量的影响 [J]. 植物营养与肥料学报，2014，20（6）：1441－1449.
[38] MEHTA C M，PALNI U，FRANKE-WHITTLE I H，et al. Compost：its role，mechanism and impact on reducing soil-borne plant diseases [J]. Waste Management，2014，34（3）：607－622.
[39] MARTINEZ-BLANCO J，LAZCANO C，CHRISTENSEN T H，et al. Compost benefits for agriculture evaluated by life cycle assessment：a review [J]. Agronomy for Sustainable Development，2013，33（4）：721－732.
[40] 于建光，常志州，黄红英，等．秸秆腐熟剂对土壤微生物及养分的影响 [J]. 农业环境科学学报，2010，29（3）：563－570.
[41] 马俊永，李科江，曹彩云，等．有机-无机肥长期配施对潮土土壤肥力和作物产量的影响 [J]. 植物营养与肥料学报，2007，13（2）：236－241.
[42] 单玉华，蔡祖聪，韩勇，等．淹水土壤有机酸积累与秸秆碳氮比及氮供应的关系 [J]. 土壤学报，2006，43（6）：941－947.
[43] ZHANG J C，ZENG G M，CHEN Y N，et al. Phanerochaete chrysosporium inoculation shapes the indigenous fungal communities during agricultural waste composting [J]. Biodegradation，2014，25（5）：669－680.
[44] JUSOH M L，ABD M L，LATIFF P A. Composting of rice straw with effective microorganisms（EM）and its influence on compost quality [J]. Journal of Environmental Health Science and Engineering，2013，10（17）：1－9.
[45] 鲍士旦．土壤农化分析 [M]. 北京：中国农业出版社，2008：25－1147.
[46] JAGADISH S，CRAUFW-D P，WHEELER T. High temperature stress and spikelet fertility in rice（Oryza sativa L）[J]. Journal of Experimental Botany，2007，58（7）：1627－1635.

[47] MATSUI T，OMASA K，HORIE T. The difference in sterility due to high temperatures during the flowering period among japonica-rice varieties [J]. Plant Production Science，2001，4 (2)：90－93.

[48] PRASAD PW，BOOTE KJ，ALLEN LH，et al. Species，ecotype and cultivar differences in spike let fertility and harvest index of rice in response to high temperature stress [J]. Field Crops Research，2006，95 (2/3)：398－411.

[49] 侯彦林. 生态平衡施肥理论、方法及其应用 [M]. 北京：中国农业出版社，2016.

[50] 陆景陵. 植物营养学 [M]. 北京：中国农业大学出版社，2012.

[51] 谭金芳，张自立，邱慧珍，等. 作物施肥技术与原理 [M]. 北京：中国农业大学出版社，2011.

[52] 张福锁. 测土配方施肥技术要览 [M]. 北京：中国农业大学出版社，2006.

[53] 陈清，陈宏坤. 水溶性肥料生产与施用 [M]. 北京：中国农业出版社，2016.

[54] 牛力强，张同稳，穆焕文，等. 农业节水灌溉存在的问题及发展对策 [J]. 现代农业科技，2019 (12)：146.

[55] 潘佳佳，李东明，张嘉芮，等. 我国节水灌溉的现状、特点及未来发展趋势 [J]. 江西农业，2019 (14)：52－53.

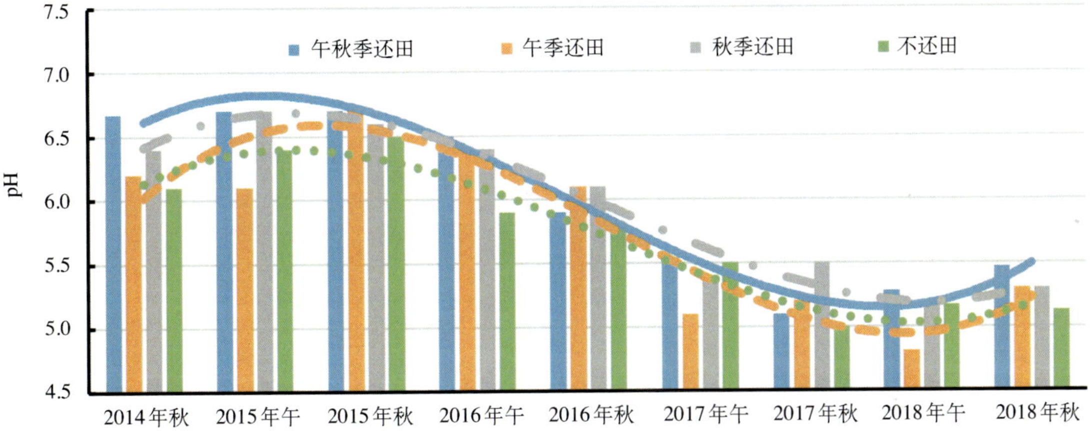

图5-3　小区试验不同秸秆还田方式对土壤pH影响

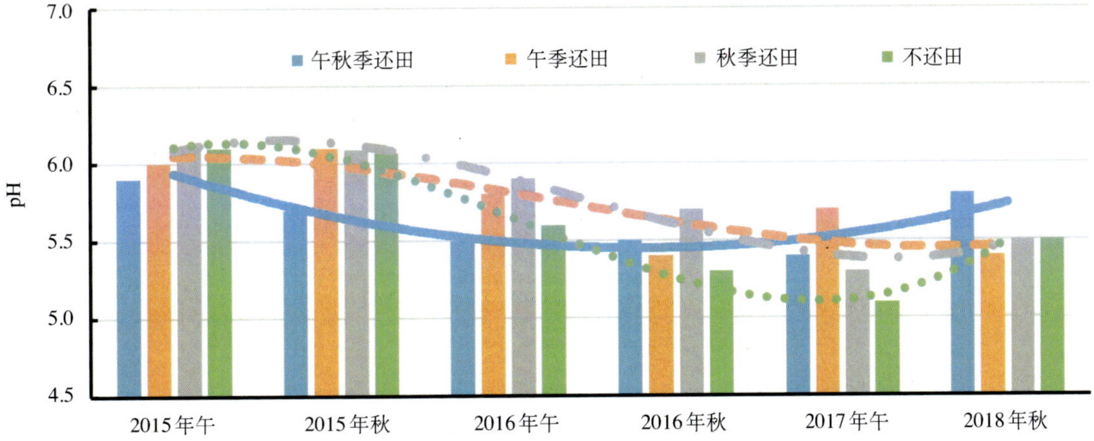

图5-4　大田示范不同秸秆还田方式对土壤pH影响

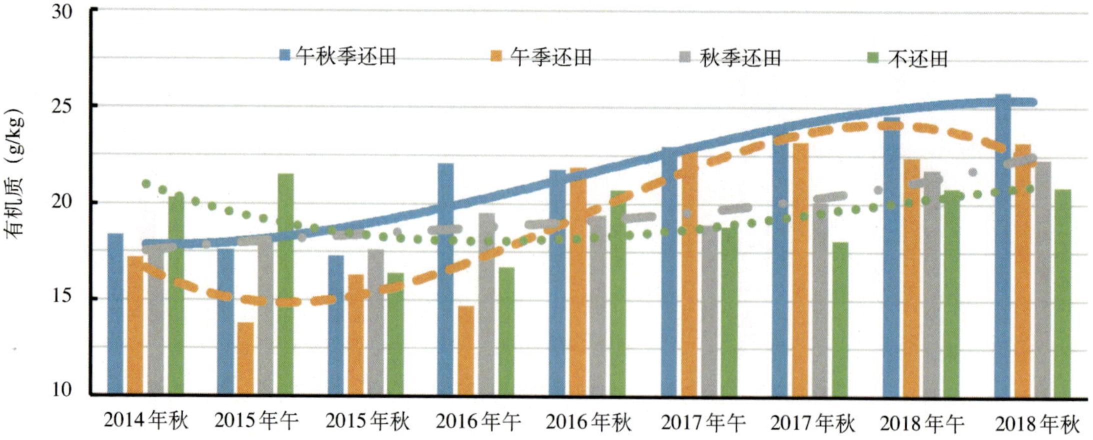

图5-5　小区试验不同秸秆还田方式对土壤有机质含量影响

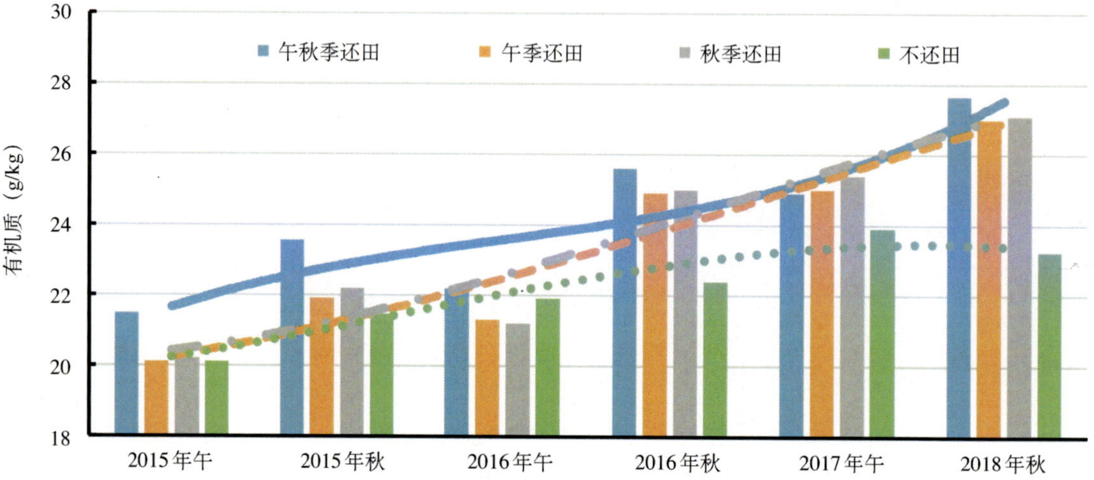

图5-6　大田示范不同秸秆还田方式对土壤有机质含量影响

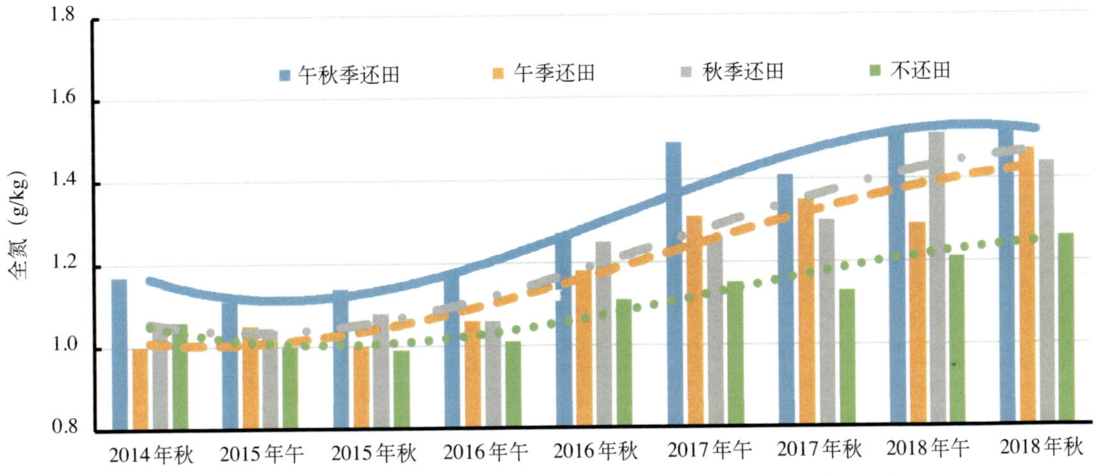

图5-7　小区试验不同秸秆还田方式对土壤全氮含量影响

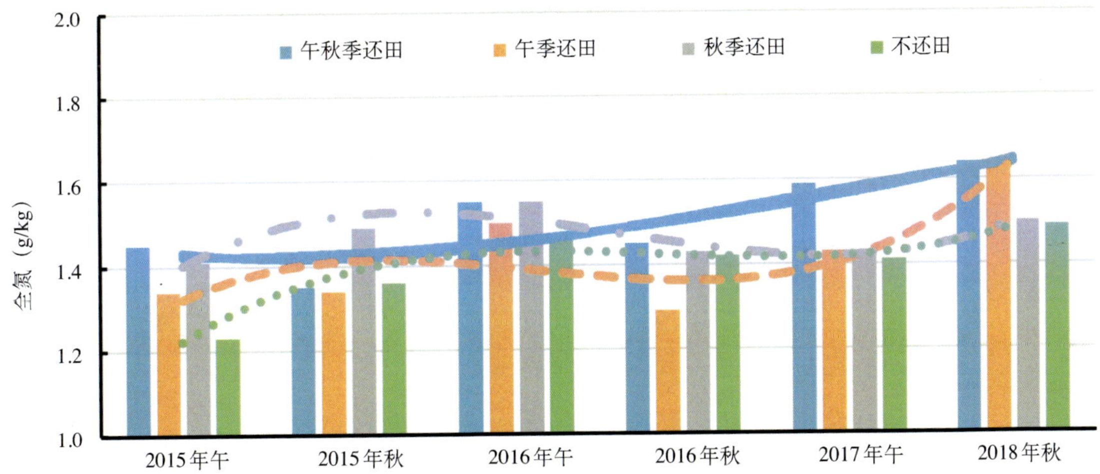

图5-8　大田示范不同秸秆还田方式对土壤全氮含量影响

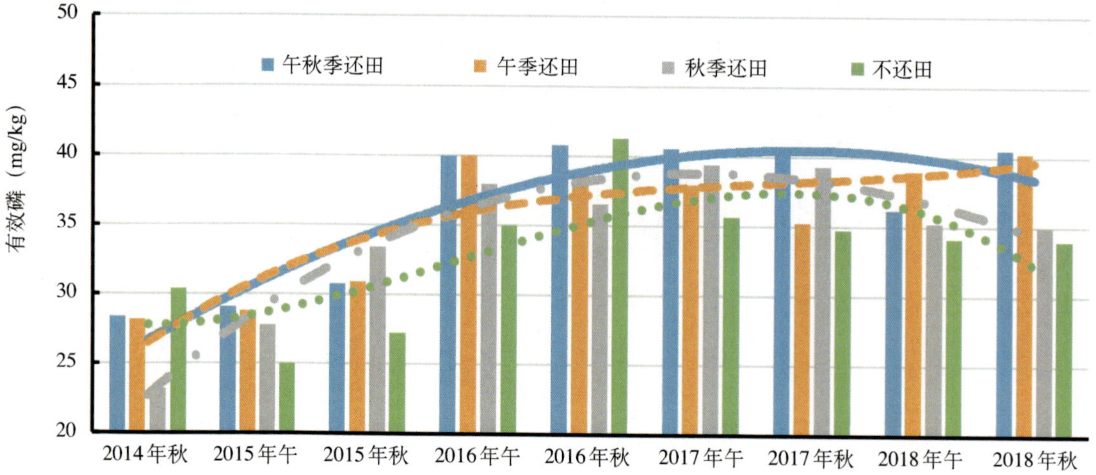

图5-9　小区试验不同秸秆还田方式对土壤有效磷含量影响

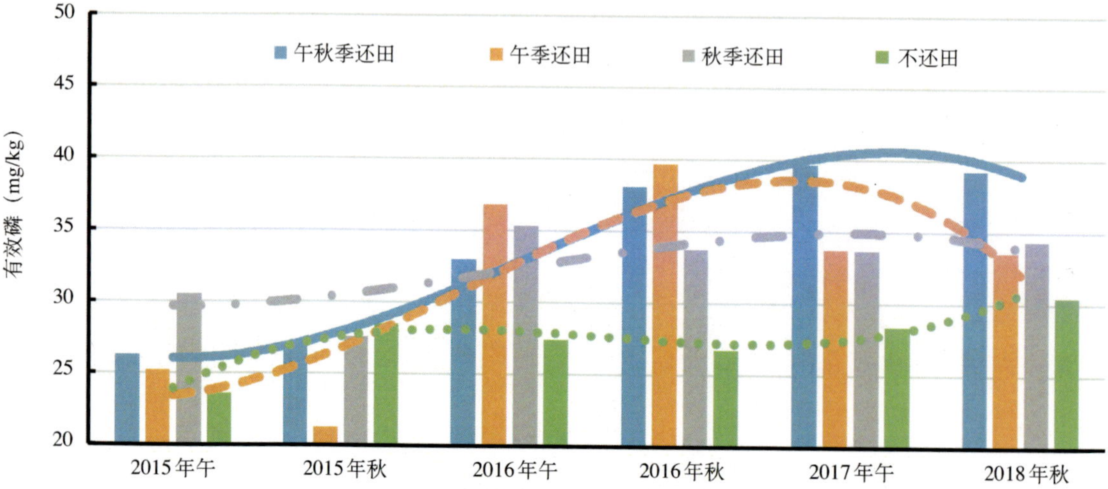

图5-10　大田示范不同秸秆还田方式对土壤有效磷含量影响

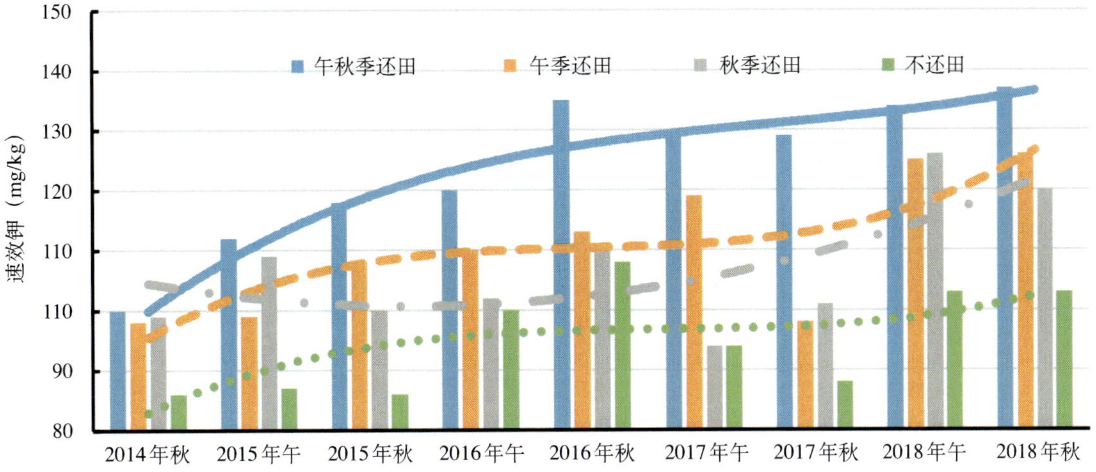

图5-11　小区试验不同秸秆还田方式对土壤速效钾含量影响

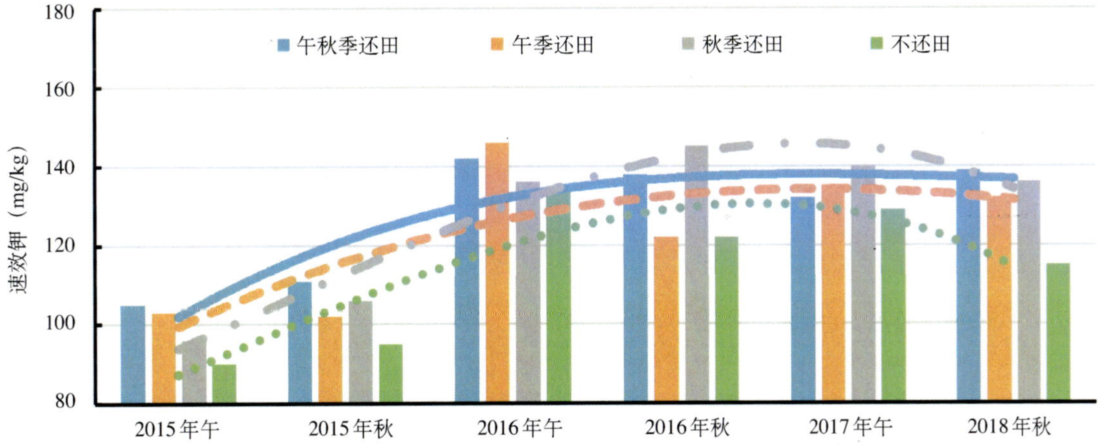

图5-12　大田示范不同秸秆还田方式对土壤速效钾含量影响

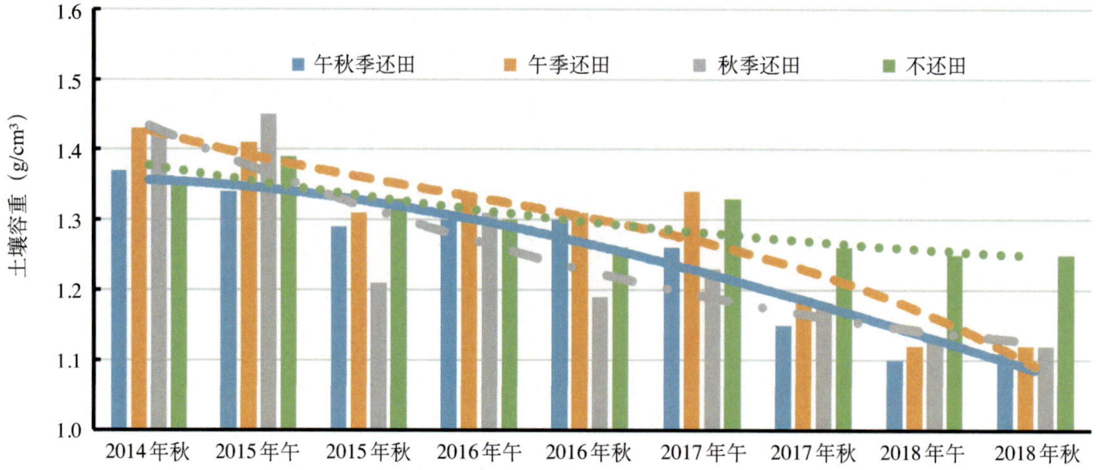

图5-13　小区试验不同秸秆还田方式对土壤容重影响

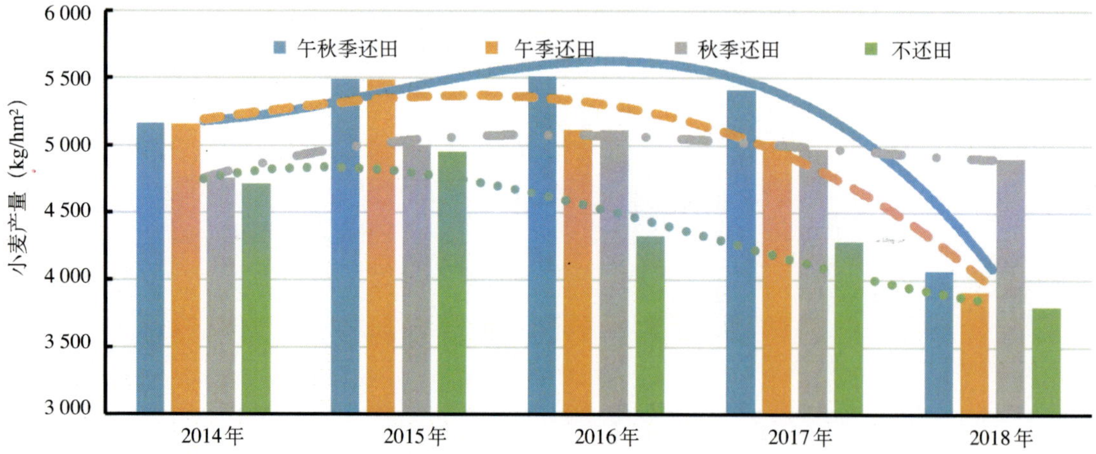

图5-14　小区试验不同秸秆还田方式对小麦产量影响

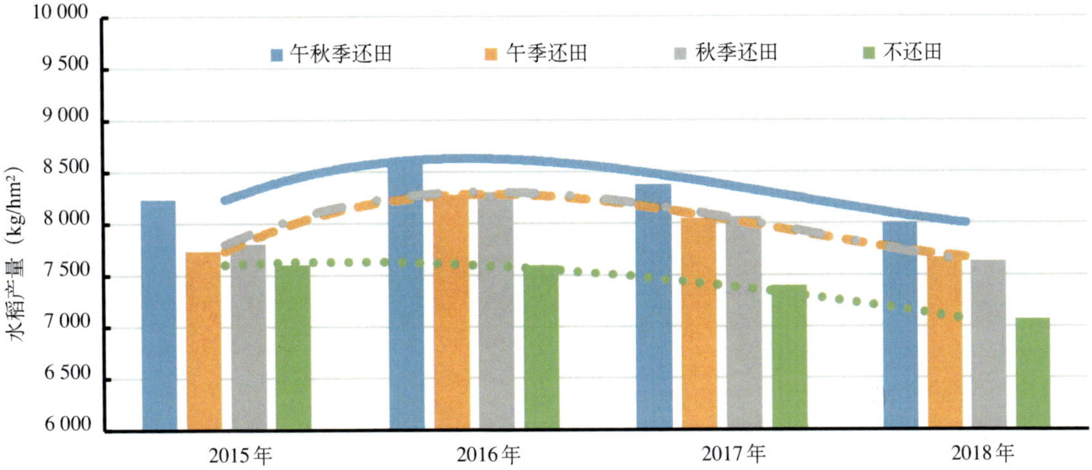

图5-15　小区试验不同秸秆还田方式对水稻产量影响

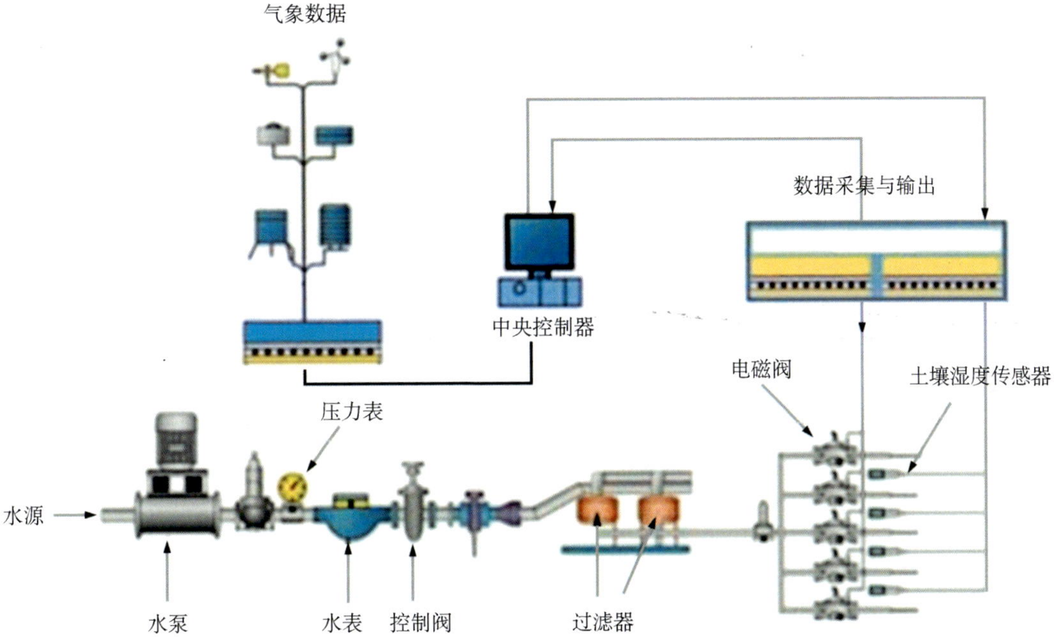

图7-1　微灌系统组成示意图

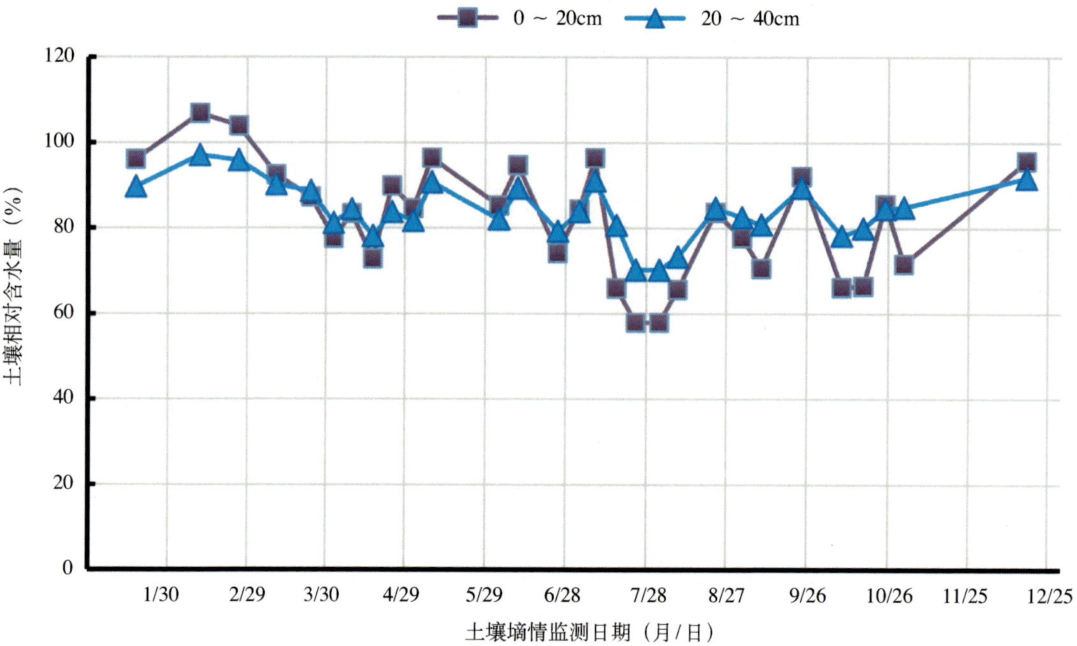

图7-2　2018年肥东县土壤墒情走势图